国家职业资格培训教材

评茶员

（初级/中级/高级）

编著 牟 杰

中国轻工业出版社

图书在版编目(CIP)数据

评茶员:初级/中级/高级/牟杰编著 . —北京:
中国轻工业出版社,2025. 1
　国家职业资格培训教材
　ISBN 978-7-5184-1723-0

　Ⅰ.①评…　Ⅱ.①牟…　Ⅲ.①茶叶—鉴别—
职业培训—教材　Ⅳ.①TS272. 7

　中国版本图书馆 CIP 数据核字(2017)第 292638 号

责任编辑:贾　磊

策划编辑:贾　磊　　责任终审:劳国强　　封面设计:锋尚设计
版式设计:砚祥志远　　责任校对:晋　洁　　责任监印:张　可

出版发行:中国轻工业出版社(北京鲁谷东街 5 号,邮编:100040)
印　　刷:三河市万龙印装有限公司
经　　销:各地新华书店
版　　次:2025 年 1 月第 1 版第 12 次印刷
开　　本:787×1092　1/16　印张:10
字　　数:270 千字　插页:1
书　　号:ISBN 978-7-5184-1723-0　定价:32. 00 元
邮购电话:010 – 85119873
发行电话:010 – 85119832　010 – 85119912
网　　址:http://www. chlip. com. cn
Email:club@ chlip. com. cn

茶叶审评室场景

看外形

开汤准备

扦样

茶叶实样审评

看汤色

红茶叶底

绿茶

洞庭碧螺春

都匀毛尖

西湖龙井

白茶

白毫银针

白牡丹

贡眉

黄茶

君山银针

蒙顶黄芽

平阳黄汤

乌龙茶（青茶）

冻顶乌龙

铁观音

武夷水仙

红茶

滇红

祁门红茶

小种红茶

黑茶

安化黑茶

茯砖（金花）

梧州六堡茶

再加工茶

茉莉花茶

飘雪茉莉

玉兰花茶

前　言

　　国家职业资格培训教材《评茶员（初级/中级/高级）》是依托"茶叶审评与检验"贵州省精品课程建设，秉承强调技能、强调实践、强调应用的特点而开发的项目教学法实用技能培训教材。

　　本教材内容由一条主线、七大模块、二十九个项目构成，即以新版《国家职业标准　评茶员》中的初级、中级、高级技能要求和知识要求为主线，以评茶基础知识、茶叶标准基础知识、茶叶感官审评术语、六大基本茶类审评、再加工茶审评、茶叶标准样基础知识、评茶记分与劣质茶识别为七大教学模块。实训类项目包括项目要求、项目理论、项目分析、项目步骤、项目预案、项目实施与评价、项目作业、项目拓展，通过实训启发学生的动手能力，实现"做中教，做中学"的目的，使学生掌握从事茶叶生产、茶叶营销及茶文化传播等职业所必须具备的专业知识和基本技能，能合理运用所学知识和技能为提高茶叶品质服务。

　　本教材的编写依托贵州省第七国家职业技能鉴定站、供销行业特有工种第30号职业技能鉴定站，并得到了中华全国供销合作总社职业技能鉴定指导中心，贵州省职业技能鉴定考评指导中心，上海教育科学研究院杨黎明教授，贵州省经济学校、贵州省茶技术茶文化中等专业学校杨吉泉校长、周德全副校长的大力支持，同时得到了贵州省茶产业办公室、贵州省茶叶协会、贵州省绿茶品牌发展促进会、贵州省茶叶学会、贵州省茶文化研究会、遵义市茶文化研究会、黔南州茶产业办公室、贵阳春秋茶文化传播中心、夕曦茶书院、贵阳茶先乐、贵阳素名一居工作室等的技术指导和贵州省教育厅"茶叶审评与检验"精品课程项目组的全面支持与协作，在此一并表示感谢。

　　本教材可供高职院校茶艺与茶叶营销、茶树栽培与茶叶加工专业学生和中职院校茶叶生产与加工、茶文化、茶叶市场营销专业学生以及初级、中级、高级评茶员培训使用。初级评茶员技能要求是评茶员应掌握的基本技能，中级评茶员应同时具备初级评茶员的技能，高级评茶员应同时具备初级评茶员和中级评茶员的技能，学习时宜按顺序进行。

　　由于编写时间仓促，编者知识水平有限，书中难免有不足之处，敬请读者批评指正，以便修订时完善。

目　　录

第一部分　初级评茶员技能要求

第二部分　中级评茶员技能要求

第三部分　高级评茶员技能要求

评茶人员职业道德

评茶是一门实用技能,是凭借人的感觉器官来评定茶叶的品质高低优劣。评茶员这一职业的特征要求评茶人员具备一定的职业道德和专业素养。

一、评茶员职业道德的含义

评茶员职业道德是指从事评茶职业的人在工作中共同遵守的行为准则和规范,在所从事的业务活动中以此约束自己,同时又对社会承担道德责任和义务。

二、评茶员职业道德的基本内容

忠于职守、爱岗敬业;

科学严谨、不断进取;

注重调查、实事求是;

团结共事、宽厚容人;

遵纪守法、讲究公德。

三、评茶人员应该具备的个人素质

一是应该掌握系统的专业知识;

二是应该具有健康的身体条件;

三是评茶前切忌饮酒、吸烟和食用刺激性食物;

四是评茶前慎用药物;

五是评茶前不使用有气味的洗洁剂、化妆品。

如果能做到以上基本职业道德,那么就开始下面的学习吧!

第一部分

初级评茶员技能要求

模块一　评茶基础知识

茶叶感官审评是审评人员运用正常的视觉、嗅觉、味觉、触觉的辨别能力,对茶叶产品的外形、汤色、香气、滋味与叶底等品质因子进行审评,从而达到鉴定茶叶品质的目的。评茶是否正确,除评茶人员应有敏锐的审辨能力和熟练的审评技术外,还必须具有适应评茶需要的良好环境和设备条件,要有一套合理的程序和正确的方法,如评茶对环境的要求,成套的专用设备、评茶取样、用水选择、茶水比例、泡茶水温与时间、评茶步骤等。必须对这些评茶基础知识有一个明确的、系统的了解和掌握,主客观条件统一,才能取得评茶的正确结果。

专业评茶现场如图1-1所示。

图1-1　专业评茶现场

项目一　评茶器具

【项目要求】

了解茶叶审评实训室(审评室)环境条件;会使用评茶用具:审评盘、审评杯、审评碗、叶底盘、样茶秤、定时钟、网匙、茶匙、汤杯、吐茶桶、烧水壶。

【项目理论及分析】

评茶要尽可能排除外界因素的干扰或影响,如不同光线的照射会影响茶叶形状、色泽、汤色的正确反映。又如评茶用具不齐备、不完善、规格不一致,同样会造成不必要的误差(图1-2)。

图 1 - 2 茶叶审评实训室

(一)评茶室的要求

1. 评茶室环境要求

(1)审评室 坐南朝北,北向开窗。面积不得小于 15m²。

(2)室内色调 白色或浅灰色,无色彩、无异味干扰。

(3)室内温度 宜保持在 15 ~ 27℃。

(4)室内光线 应柔和、自然、明亮,无阳光直射。自然光线不足时,应有辅助照明,辅助光源光线应均匀、柔和、无投影。

(5)噪声控制 评茶时,保持室内安静,控制噪声不得超过 50dB。

2. 评茶室布置

(1)干评台 用以审评茶叶外形,高度为 80 ~ 90cm、宽度为 60 ~ 75cm,台面为黑色亚光,长度视实际需要而定(图 1 - 2)。

(2)湿评台 用以放置审评杯碗泡水开汤,审评茶叶的内质,包括香气、滋味、汤色、叶底。其高度为 75 ~ 80cm,宽度为 45 ~ 50cm,台面为白色亚光,长度视实际需要而定(图 1 - 3)。

(1)干评台

(2)湿评台

图 1 - 3 审评台

（3）样茶柜架 在审评室内要配备样茶柜或样茶架,用以存放茶叶罐。样茶柜或样茶架一般放在湿评台后方,也有放在湿评台侧边靠壁的,这要根据审评室具体条件安排。

总之,室内的布置与设备用具的安放,以便利审评工作为原则。

（二）评茶用具

评茶用具是专用的,数量应备足,质量要好,规格一致,力求完善,以尽量减少客观上的误差。评茶常用工具有以下几种(图1－4)。

(1) 样茶盘　　　　　　　　　　　(2) 烧水壶

(3) 展示柜　　　　　　　　　　　(4) 评审杯

(5) 计时器　　　　　　　　　　　(6) 天平

图1－4 评茶用具

（1）评茶盘 由木板或胶合板制成,正方形,边长23cm、边高3.3cm;盘的一角开有缺口,缺口呈倒等腰梯形,上高 5cm、下高 3cm;涂以白色油漆,要求无气味。

(2)审评杯碗 审评杯用来泡茶和审评茶叶香气,瓷质白色,杯盖有一小孔,在杯柄对面的杯口上有一小缺口,呈弧形或锯齿形,使杯盖盖着横搁在审评碗上仍易滤出茶汁。审评碗为特制的广口白色瓷碗,用来审评茶叶汤色和滋味。要求各审评杯碗大小、厚薄、色泽一致。

初制茶(毛茶)审评杯碗:杯呈圆柱形,高 75mm、外径 80mm、容量 250mL,具盖,盖上有一小孔,杯盖上面外径 92mm,与杯柄相对的杯口上缘有三个呈锯齿形的滤茶口,口中心深 4mm、宽 2.5mm。碗高 71mm、上口外径 112mm、容量 440mL。

精制茶(成品茶)审评杯碗:杯呈圆柱形,高 66mm、外径 67mm、容量 150mL,具盖,盖上有一小孔,杯盖上面外径 76mm,与杯柄相对的杯口上缘有三个呈锯齿形的滤茶口,口中心深 3mm、宽 2.5mm。碗高 56mm、上口外径 95mm、容量 240mL。

乌龙茶审评杯碗:杯呈倒钟形,高 52mm、上口外径 83mm、容量 110mL,具盖,盖外径 72mm。碗高 51mm、上口外径 95mm、容量 160mL。

(3)分样盘 木板或胶合板制成,正方形,外围边长 230mm,边高 33mm;盘的两端各开一缺口,缺口呈倒等腰梯形,上宽 50mm,下宽 30mm。涂以白色油漆,要求无气味。

(4)叶底盘 审评叶底(浸泡叶)用,木质叶底盘有正方形和长方形两种,正方形长宽各 10cm,边高 2cm;长方形的长 12cm,宽 8.5cm,高 2cm。通常漆成黑色,此外尚有一种长方形白色搪瓷盘,盛清水漂看叶底。

(5)样茶秤 天平,感量 0.1g。

(6)砂时计或定时钟 用来记茶叶冲泡时间,通常在审评室用的为 5mm 的砂时计,也有用指针旋转一定时间能自动响铃的定时钟,精确到秒。

(7)网匙 用细密铜丝网制成,用以捞取审茶碗内浸泡液的碎片茶渣。

(8)茶匙 为普通纯白色瓷匙,取汤液评滋味用。

(9)汤杯 放茶匙、匙网用,用时盛白开水。

(10)吐茶筒 审评时用以吐茶及盛装已泡过的茶叶渣汁用,有圆形及半圆形两种,高 80cm、直径 35cm、半腰直径 20cm,通常用镀锌铁皮制成。

(11)烧水壶 铝壶或电壶均用来烧开水。

【项目步骤及实施】

(一)项目步骤

(1)实训开始。

(2)观察审评室(依次观察干评台、湿评台、样茶柜架)。

(3)认识审评器具(依次认识审评盘、审评杯、审评碗、叶底盘、样茶秤、定时钟、网匙、茶匙、汤杯、吐茶桶、烧水壶)。

(4)将审评器具放回原位,并摆放整齐。

(5)实训结束。

(二)项目实施

实训授课 2 学时,共计 90min,其中教师示范讲解 50min,学生分组练习 30min,考核 10min。地点在茶叶审评实训室。

(1)分组方案 每组4人,一人任组长。

(2)实施原则 独立完成,组内合作,组间协作,教师指导。

【项目预案】

(一)天平的使用方法

(1)要放置在水平的地方,游码要指向红色0刻度线。

(2)调节平衡螺母(天平两端的螺母)直至指针对准中央刻度线。

(3)左托盘放称量物,右托盘放砝码。根据称量物的性状应放在玻璃器皿或洁净的纸上,事先应在同一天平上称得玻璃器皿或纸片的质量,然后称量待称物质。

(4)添加砝码从估计称量物的最大值加起,逐步减小。加减砝码并移动标尺上的游码,直至指针再次对准中央刻度线。

(5)过冷过热的物体不可放在天平上称量。应先在干燥器内放置至室温后再称。

(6)物体的质量=砝码的总质量+游码在标尺上所对的刻度值。

(7)取用砝码必须用镊子,取下的砝码应放在砝码盒中,称量完毕,应把游码移回零点。

(8)砝码若生锈,测量结果偏小;砝码若磨损,测量结果偏大(图1-5)。

图1-5 调校天平

(二)进入茶叶审评实训室的注意事项

(1)实训课前认真学习项目的理论知识。

(2)实训课前不要使用香皂或带香味的化妆品、严禁吸烟,这有利于评茶的准确性。

(3)实训课不迟到,遵守纪律,接受教师指导,认真操作。

(4)爱护实训设备和茶样,严禁私自将样茶带出实训室,违反者不记实训成绩或取消实训资格。

(5)实训课结束时,照原样装好茶样,认真清洗评茶用具,仔细检查并关好水、电开关,并安排人员打扫实训室卫生。

（6）课后认真完成，并按时交实训报告。

【项目评价】

评茶器具项目评价考核评分表如表1-1所示。

表1-1 　　　　　　　　　　评茶器具项目评价考核评分表

分项	内容	满分	自评分（10%）	组内互评分（10%）	组间互评分（10%）	教师评分（70%）	单项实际得分
1	审评室要求	40					
2	了解评茶器的具程度	40					
3	综合表现	20					
	合计	100					

【项目作业】

（1）茶叶审评室有何特征？

（2）茶叶审评室有哪些评茶器具？

【项目拓展】

（1）请提出实训所用审评室的改进意见。

（2）请为某茶叶企业设计一间茶叶审评室。

项目二　评 茶 用 水

【项目要求】

了解茶叶审评用水的选择方法，掌握审评时泡茶的水温、泡茶的时间和茶水比例。

【项目理论及分析】

审评茶叶色香味的好坏，是通过冲泡开汤后来鉴定的。但水的硬软清浊对茶叶品质有较大的影响，尤其对滋味的影响更大，所以泡茶用水不同，就会影响茶叶审评的准确性。我国自古以来重视饮茶用水的选择，曾做过不少研究。国外饮用红茶，首先注意汤色的明亮度，认为优质的红茶用适当的水冲泡，才能获得适当的溶解物，现就水质的选择、泡茶的水温、泡茶的时间和茶水的比例等方面分述如下。

（一）用水的选择

水的种类很多，总体可分为天然水和人工处理水两大类，天然水又分为地表水和地下水两种。地表水包括山泉水、江水、河水、湖水、水库水等，此类水流经地表，水中所溶矿物质较少，但可能带有许多黏土、砂、水草、腐殖质、盐类和细菌等；地下水主要是井水、矿泉水等，此类水由于经过地层的浸滤，含泥沙悬浮物和细菌较少，水质较为清亮，溶入的矿物质元素也较多。各种水因水质有差异，用其泡出的茶汤自然也不相同。

对于泡茶用水的选择，古今中外有诸多的说法和标准。结合我国当前水资源现状而言，只要是理化及卫生指标符合国家标准 GB 5749—2006《生活饮用水卫生标准》各项规定的天然水和人工饮用水均可作为评茶用水。

同一批茶叶审评用水水质应一致。

(二)泡茶的水温

审评泡茶用水的温度应达到沸滚起泡的程度,水温标准是100℃。沸滚过度的水或不到100℃的开水用来泡茶,都不能达到评茶的良好效果。

评茶烧水应达到沸滚而起泡为度,这样的水冲泡茶叶才能使茶汤的香味更多地发挥出来,水浸出物也溶解得较多。水沸过久,能使溶解于水中的空气全被驱逐,变得"无味",形成过多的氧化产物,用这种开水泡茶,必将失去用新沸滚的水所泡茶汤应有的新鲜滋味,俗称千滚水是不能喝的。如果水没有沸滚而泡茶,则茶叶浸出物不能最大限度地泡出。

水浸出物是茶叶经冲泡后的茶汤中所有可检测的可溶性物质,水浸出物含量多少在一定程度上反映茶叶品质的优劣。

(三)泡茶的时间

茶叶汤色的深浅明暗和汤味的浓淡爽涩,与茶叶中水浸出物的数量特别是主要呈味物质的泡出量和泡出率有密切关系。

按照茶水比1:50(质量体积比,下同),不同茶类茶汤的冲泡时间为:绿茶4min;红茶、白茶、黄茶、乌龙茶(条型、卷曲型)5min;乌龙茶(圆结型、拳曲型、颗粒型)6min。

各类茶叶在具体审评时,冲泡时间可参考 GB/T 23776—2018《茶叶感官审评方法》中的规定。

(四)茶水的比例

审评的用茶量和冲泡的水量多少,与茶汤滋味浓淡和厚薄有关。审评用茶量多而水少时茶叶难泡开,并过分浓厚。反之,茶少水多,汤味就过于淡薄。同量茶样,冲泡用水量不同,或用水量相同,用茶量不同,都会影响茶叶香气及汤味,从而在审评结果上发生偏差。一般用茶量相同,冲泡时间相同,因用水量不同,其可以浸出的水浸出物就不同。水多,茶叶中可冲泡出的水浸出物量就多;水少,可以浸出的水浸出物量就少。

审评茶叶品质往往多种茶样同时冲泡进行比较和鉴定,用水量必须一致。在审评实训中红茶、绿茶,一般采用的比例是3g茶用150mL水冲泡。毛茶审评杯容量为250mL,应称取茶样5g,茶水比例为1:50。但审评乌龙茶时,因品质要求着重香味并重视耐泡次数,用特制钟形茶瓯审评,其容量为110mL,投入茶样5g,茶水比例为1:22。

【项目步骤及实施】

(一)项目步骤

(1)准备器具　审评器具、温度计、矿泉水、薄荷水、自来水、炒青绿茶。

(2)实训开始。

(3)按照以下方法操作　选择 150mL 审评杯 3 组。

①训练1:分别审评矿泉水、薄荷水、自来水内质,体验水的滋味。

②训练2:分别用没有煮过的自来水、50℃的自来水、煮沸的自来水冲泡 3g 炒青绿茶5min 后审评茶叶内质,体验水温对茶叶内质审评的关系。

③训练3:用煮沸的水冲泡三杯茶。第一杯投茶5g,第二杯投茶3g,第三杯投茶1g 分别冲泡茶叶 5min 后审评茶叶内质,体验投茶量与茶叶内质审评的关系。

④训练4:用煮沸的水冲泡三杯茶,向审评杯中分别投入3g茶叶。第一杯泡1min,第二杯泡4min,第三杯泡8min,审评茶叶内质,体验泡茶时间与茶叶内质审评的关系。

(4)将审评器具放回原位,并摆放整齐。

(5)实训结束。

(二)项目实施

实训授课2学时,共计90min,其中教师示范讲解30min,学生分组练习50min,考核10min。地点在茶叶审评实训室。

1. 分组方案

每组4人,一人任组长。

2. 实施原则

独立完成,组内合作,组间协作,教师指导。

【项目预案】

是否可以用自来水审评茶叶?

只要符合GB 5749—2006《生活饮用水卫生标准》的水均可以用来审评茶叶,自来水符合该标准,当然可以用来审评茶叶。但我们应该注意,同一批茶叶审评用水水质应一致。

【项目评价】

评茶用水项目评价考核评分表如表1-2所示。

表1-2　　　　　　　　　评茶用水项目评价考核评分表

分项	内容	满分	自评分(10%)	组内互评分(10%)	组间互评分(10%)	教师评分(70%)	单项实际得分
1	水的审评	25					
2	水温对茶叶内质的影响	25					
3	投茶量对内质的影响	25					
4	泡茶时间对内质的影响	25					
	合计	100					

【项目作业】

在茶叶冲泡时,泡茶水温、投茶量、泡茶时间对茶叶内质审评有何影响?

项目三　茶叶审评基本程序

【项目要求】

掌握茶叶审评的基本程序,熟悉茶叶识别的五个指标和茶的鉴别知识。

【项目理论及分析】

茶叶品质的好坏,等级的划分、价值的高低,主要根据茶叶感官审评的结果来判定。茶叶感官审评是审评人员运用正常的视觉、嗅觉、味觉、触觉的辨别能力,对茶叶产品的外形、汤色、香气、滋味与叶底等品质因子进行审评,从而达到鉴定茶叶品质的目的。

感官审评分为干茶审评和开汤审评,俗语称干看和湿看,即干评和湿评。一般说,感官审评品质的结果应以湿评内质为主要根据。但因产销要求不同,也有更注重干评外形的。然而同类茶的外形内质不平衡不一致是常有的现象,如有的内质好、外形不好,或者外形好,色香味未必全好,所以,审评茶叶品质应外形内质兼评。

我国因茶类众多,不同茶类的审评方法和审评因子有所不同。名优茶和初制茶的审评按照茶叶的外形(包括形状、嫩度、色泽、匀整度和净度)、汤色、香气、滋味和叶底"五项因子"进行。精制茶的审评则按照茶叶外形的形态、色泽、匀整度和净度,内质的汤色、香气、滋味和叶底"八项因子"进行。

现将一般评茶操作程序分述如下所述。

(一)把盘

把盘,俗称摇样匾或摇样盘,是审评干茶外形的首要操作步骤(图1-6)。

图1-6 取样

审评干茶外形,依靠视觉触觉而鉴定。因茶类、花色不同,外在的形状、色泽是不一样的。根据各茶类的特征分别审评干茶的形状、嫩度、色泽、匀整度、净度等。

在生产上我们往往是对样评茶,首先应查对样茶、判别茶类、花色、名称、产地等,然后扦取有代表性的样茶,审评毛茶需250~500g,精茶需200~250g。

审评毛茶外形一般是将样茶放入篾制的样匾里,双手持样匾的边沿,运用手势作前后左右的回旋转动,使样匾里的茶叶均匀地按轻重、大小、长短、粗细等不同有次序地分布,然后把均匀分布在样匾里的毛茶通过反转顺转收拢集中成为馒头形,这样摇样匾的"筛"与"收"的动作,使毛茶分出上、中、下三个层次。一般来说,比较粗长轻飘的茶叶浮在表面,称面装茶,或称上段茶;细紧重实的集中于中层,称中段茶,俗语称腰档或肚货;体小的碎茶和片末沉积于底层,称下身茶,或称下段茶。审评毛茶外形时,对照标准样,先看面装,后看中段,再看下身。看完面装茶后,拨开面装茶抓起放在样匾边沿,看中段茶,看后又用手拨在一边,再看下身茶。看三段茶时,根据外形审评各项因子对样评比分析确定等级时,要注意各段茶的比重,分析三层茶的品质情况。如面装茶过多,表示粗老茶叶多,身骨差,一般以中段茶多为好,如果下身茶过多,要注意是否属于本茶本末,条形茶或圆炒青如下段茶断碎片末含量多,表明做工、品质有问题(图1-7)。

图1-7 评外形

审评圆炒青外形时,除同样先有"筛"与"收"动作外,还有"削"(切)或"抓"的操作。即用手掌沿馒头形茶堆面轻轻地像剥皮一样,一层一层地剥开,剥开一层,评比一层,一般削三四次直到底层为止。操作时,手指要伸直,手势要轻巧,防止层次弄乱。最后还有一个"簸"的动作,在簸以前先把削好的各层毛茶向左右拉平,小心不能乱拉,然后将样匾轻轻地上下簸动三次,使样茶按颗粒大小从前到后依次均匀地铺满在样匾里。综合外形各项因子,对样评定干茶的品质优次。此外,审评各类毛茶外形时,还应手抓一把干茶嗅干香及手测水分含量。

审评精茶外形一般是将样茶倒入木质审评盘中,双手拿住审评盘的对角边沿,一手要拿住样盘的倒茶小缺口,同样用回旋筛转的方法使盘中茶叶分出上、中、下三层。一般先看面装和下身,然后看中段茶。看中段茶时将筛转好的精茶轻轻地抓一把到手里,再翻转手掌看中段茶品质情况,并权衡身骨轻重。看精茶外形的一般要求,对样评比上、中、下三档茶叶的拼配比例是否恰当和相符,是否平伏匀齐不脱档。看红碎茶虽不能严格分出上中下三段茶,但样茶盘筛转后要对样评比粗细度、匀齐度和净度。同时抓一撮茶在盘中散开,使颗粒型碎茶的重实度和匀净度更容易区别。审评精茶外形时,各盘样茶容量应大体一致,便于评比(图1-8)。

(二)开汤

开汤,俗语称泡茶或沏茶,为湿评内质的重要步骤。开汤前应先将审评杯碗洗净擦干按号码次序排列在湿评台上。称取样茶3.0~5.0g投入审评杯内,茶水比为1∶50,如果选用150mL的名优茶、精制茶审评杯则称量3.0g,如果选用250mL的毛茶审评杯则称量5.0g茶。杯盖应放入审评碗内,然后以沸滚适度的开水以"慢—快—慢"的速度冲泡满杯,泡水量应齐杯口一致。冲泡时第一杯起应计时,并从低级茶泡起,谁泡谁加杯盖,盖孔朝向杯柄,5min时按冲泡次序将杯内茶汤滤入审评碗内,倒茶汤时,杯应卧搁在碗口上,杯中残余茶汁应完全滤尽(图1-9)。

图 1 - 8　称样

图 1 - 9　开汤

茶叶开汤是为了浸出时间和浸出浓度保持一致,合理地审评汤色和滋味。排列成一行的审评碗,从右到左顺次盛开水,并分两次盛满,第一次盛到七成,第二次盛满。

开汤后,按香气(热嗅)、汤色、香气(温嗅)、滋味、香气(冷嗅)、叶底的顺序逐项审评(审评名优绿茶有时应先看汤色)。

(三)嗅香气

香气是依靠嗅觉而辨别。鉴评茶叶香气是通过泡茶使其内含芳香物质得到挥发,挥发性物质的气流刺激鼻腔内嗅觉神经,出现不同类型、不同程度的茶香。嗅觉感受器是很敏感的,直接感受嗅觉的是嗅觉小胞中的嗅细胞。嗅细胞的表面为水样的分泌液所湿润,俗称鼻黏膜黏液,嗅细胞表面为负电性,当挥发性物质分子吸附到嗅细胞表面后就使表面的部分电荷发生改变而产生电流,使嗅神经的末梢接受刺激而兴奋,传递到大脑的嗅区而产生了香的嗅感(图 1 - 10)。

图 1 - 10　嗅香气

嗅香气时应一手拿住已倒出茶汤的审评杯,另一手半揭开杯盖,靠近杯沿用鼻轻嗅或深嗅。为了正确判别香气的类型、高低和长短,嗅时应重复一两次,但每次嗅的时间不宜过久,因嗅觉易疲劳,嗅香过久,嗅觉失去灵敏感,一般是 2 ~ 3s。另外,杯数较多时,嗅香时间拖长,冷热程度不一,就难以评比。每次嗅评时都将杯内叶底抖动翻个身,在未评定香气前,杯盖不得打开。

嗅香气应以热嗅、温嗅、冷嗅相结合进行。热嗅重点是辨别香气的纯异,因茶汤刚倒出来,杯中蒸气分子运动很强烈,嗅觉神经受到烫的刺激,敏感性受到一定的影响。因此,辨别香气的类型与高低,还是以温嗅为宜,准确性较大。冷嗅主要是了解茶叶香气的持久程度,或者在评比当中有两种茶的香气在温嗅时不相上下,可根据冷嗅的余香程度来加以区别。审评茶叶香气最适合的叶底温度是 55℃ 左右。超过 65℃ 时感到烫鼻,低于 30℃ 时茶香低沉,特别对染有烟气木气等异气茶随热气而挥发。凡一次审评若干杯茶叶香气时,为了区别各杯茶的香气,嗅评后分出香气的高低,把审评杯作前后移动。一般将香气好的往前推,次的往后摆,此项操作称为香气排队,审评香气不宜红、绿茶同时进行。审评香气时还应避免外界因素的干扰,如抽烟、擦香脂、香皂洗手等都会影响鉴别香气的准确性。

我国各地收茶站审评毛茶的香气,有时用竹筷从碗中夹取浸泡叶,放近鼻孔嗅香。在印度及斯里兰卡等国家也认为热嗅香气最好。热嗅能清楚地辨别大吉岭和斯里兰卡高山茶特殊的高香,同时,因制造不当而产生各种怪异气都可在叶底上热嗅出来。

(四) 看汤色

汤色靠视觉审评。茶叶开汤后,茶叶内含成分溶解在沸水中的溶液所呈现的色彩,称为汤色,又称水色。审评汤色要及时,因茶汤中的成分和空气接触后很容易发生变化,所以有的把评汤色放在嗅香气之前。汤色易受光线强弱、茶碗规格、容量多少、排列位置、沉淀物多少、冲泡时间长短等各种外因的影响。冬季评茶,汤色随汤温下降逐渐变深;若在相同的温度和时间内,红茶色变大于绿茶,大叶种大于小叶种,嫩茶大于老茶,新茶大于陈茶,在审评时应引起足够注意。如果各碗茶汤水平不一,应加调整。如茶汤混入茶渣残叶,应以网丝匙捞出,用茶匙在碗里打一圆圈,使沉淀物旋集于碗中央,然后开始审评,按汤色性质及深浅、明暗、清浊等评比优次(图1－11)。

图1－11 看汤色

(五)尝滋味

滋味是由味觉器官来区别的。茶叶是一种风味饮料,不同茶类或同一茶类而产地不同都各有独特的风味或味感特征,良好的味感是构成茶叶质量的重要因素之一。茶叶不同味感是由茶叶的呈味物质的数量与组成比例不同而异。味感有甜、酸、苦、辣、鲜、涩、咸、碱及金属味等。味觉感受器是布满舌面上的味蕾,味蕾接触到茶汤后,立即将受到刺激的兴奋波经过传入神经传导到中枢神经,经大脑综合分析后,于是有不同的味觉。舌头各部分的味蕾对不同味感的感受能力不同。如舌尖最易为甜味所兴奋;舌的两侧前部最易感觉咸味而两侧后部为酸味所兴奋,舌心对鲜味涩味最敏感,近舌根部位则易被苦味所兴奋(图1－12)。

图1－12 尝滋味

审评滋味应在评汤色后立即进行,茶汤温度要适宜,一般以50℃左右较适合评味要求,如茶汤太烫时评味,味觉受强烈刺激而麻木,影响正常评味,如茶汤温度低了,味觉受两方面因素影响,一是味觉尝温度较低的茶汤灵敏度差,二是茶汤中对滋味有关的物质溶解在热汤中多而协调,随着汤温下降,原溶解在热汤中的物质逐步被析出,汤味由协调变为不协调。

评茶味时用瓷质汤匙从审评碗中取一浅匙吮入口内,由于舌的不同部位对滋味的感觉不同,茶汤入口后在舌头上循环滚动,才能正确的较全面地辨别滋味。尝味后的茶汤一般不宜咽下,尝第二碗时,匙中残留茶液应倒尽或在白开水汤中漂净,不致互相影响。审评滋味主要按浓淡、强弱、爽涩、鲜滞及纯异等评定优次。在国外认为在口里尝到的香味是茶叶香气最高的表现。为了正确评味,在审评前最好不吃强烈刺激味觉的食物,如辣椒、葱蒜、糖果等,并不宜吸烟,以保持味觉和嗅觉的灵敏度。

(六)评叶底

审评叶底主要靠视觉和触觉来判别,根据叶底的老嫩、匀杂、整碎、色泽和开展与否等来评定优次,同时还应注意有无其他掺杂。

评叶底是将杯中冲泡过的茶叶倒入叶底盘或放入审评盖的反面,也有放入白色搪瓷漂盘里,倒时要注意把细碎粘在杯壁杯底和杯盖的茶叶倒干净,用叶底盘或杯盖的先将叶张拌匀、铺开,观察其嫩度、匀度和色泽和亮度的优次。如感到不够明显时,可在盘里加茶汤,再将茶汤徐徐倒出,使叶底平铺看或翻转看,或将叶底盘反扑倒在桌面上观察。用漂盘看则加清水漂叶,使叶张漂在水中观察分析。评叶底时,要充分发挥眼睛和手指的作用,手指触摸叶底的软硬、厚薄等。再看芽头和嫩叶含量、叶张卷摊、光糙,色泽及均匀度等区别好坏(图1-13)。

图1-13 评叶底

茶叶品质审评一般通过上述干茶外形和汤色、香气、滋味、叶底五个项目的综合观察,才能正确评定品质优次和等级价格的高低。实践证明,每一项目的审评不能单独反映出整个品质,但茶叶各个品质项目又不是单独形成和孤立存在的,相互之间有密切的相关性。因此综合审评结果时,每个审评项目之间,应作仔细的比较参证,然后再下结论。对于不相上下或有疑难的茶样,有时应冲泡双杯审评,取得正确评比结果。总之,评茶时要根据不同情况和要求具体掌握,有的选择重点项目审评,有的则要全面审评凡进行感官审评时都应严格按照评茶操作程序和规则,以取得正确的结果。

【项目步骤及实施】

(一)实训地点

茶叶审评实训室。

（二）课时安排

实训授课 2 学时，共计 90min，其中教师讲解 30min，学生分组练习 50min，考核 10min。

（三）分组方法

每四人一组，将学生分成若干组，每组选一名组长，配四套审评用具。要求独立完成，组内合作，组间协作，教师指导。

（四）项目步骤

（1）实训开始。

（2）备具　样茶盘、评茶杯碗、叶底盘、茶匙、天平、定时钟、烧水壶等。

（3）备样　绿茶 200g、红茶 200g、乌龙茶 200g。

（4）扦样。

（5）把盘。

（6）看外形。

（7）开汤。

（8）热嗅香气。

（9）看汤色。

（10）温嗅香气。

（11）尝滋味。

（12）冷嗅香气。

（13）看叶底。

（14）实训结束。

【项目预案】

茶叶审评项目预案如表 1-3 所示。

表 1-3　　　　　　　　　　　　　　茶叶审评项目预案

步骤	要求	技能
扦样（取样）	科学、公正、全面、并有正确性和代表性	对角线取样法，分段取样法，随机取样法，分样器取样法
把盘	旋转平稳，上、中、下三段茶分清	运用双手作前后左右回旋转动，"筛"与"收"相结合
看外形	全面仔细，上、中、下三段茶都要看到	反复把盘
开汤	准确称样，注入沸水容量一致，水满至杯口	用三个指头（大拇指、食指、中指）要上中下都取到茶样，并基本做到一次扦量成功；冲水速度"慢—快—慢"
热嗅香气	辨别出香气的纯异	一手握杯柄，一手握杯盖头，上下轻摇几下，开盖嗅香，时间为 2~3s
看汤色	碗中茶汤一致，无茶渣，沉淀物集中于碗中央	观察汤色的颜色、浑浊度、亮度等
温嗅香气	确定香气的类型与高低	同热嗅香气
尝滋味	茶汤温度 45~55℃，茶汤量 4~5mL，尝滋味时间 3~4s，吸茶汤速度要自然，不要太快	茶汤入口在舌头上微微巡回流动，吸气辨出滋味，即闭嘴，由鼻孔中排出，吐出茶汤
冷嗅香气	辨别出香气持久程度	同热嗅香气
看叶底	嫩度、颜色、亮度和匀整度及独特特征	把叶底倒入杯盖或叶底盘中观察、感觉

【项目评价】

茶叶审评项目评价考核评分如表1-4所示。

表1-4 茶叶审评项目评价考核评分表

分项	内容	满分	自评分 （10%）	组内互评分 （10%）	组间互评分 （10%）	教师评分 （70%）	单项实际 得分
1	把盘	20					
2	开汤	16					
3	嗅香气	16					
4	看汤色	16					
5	尝滋味	16					
6	评叶底	16					
	合计	100					

【项目作业】

（1）简述茶叶审评的基本流程。

（2）审评茶叶外形应注意什么？

（3）审评茶叶香气应注意什么？

（4）审评茶叶汤色应注意什么？

（5）审评茶叶滋味应注意什么？

（6）审评茶叶叶底应注意什么？

【项目拓展】

请查阅资料，了解 GB/T 23776—2018《茶叶感官审评方法》中相关内容。

模块二 茶叶标准基础知识

中国已制定的茶叶标准有茶叶产品标准、检验方法标准和茶叶行业有关的茶机标准、茶园中农药安全使用标准等。本模块主要是认识这些标准。

项目一 茶叶标准的概念与分类

【项目要求】

通过本项目的学习,能够认识茶叶标准的概念与类型。

【项目理论及分析】

(一)标准的概念

标准是对重复性事情和概念所做的统一规定。它以科学、技术和实践经验的综合成果为基础,经有关方面协商一致,由主管机构批准,以特定形式发布,作为共同遵守的准则和依据,也是促进技术进步、提高产品质量、降低生产成本、维护国家和人民利益不可缺少的共同依据。

标准的定义在国际标准化组织(ISO)和我国2002年颁布的GB/T 2000.1—2002《标准化工作指南 第1部分:标准化和相关活动的通用词汇的定义》中也有说明。

(二)标准的基本特性

(1)标准对象的特定性。

(2)标准制定依据的科学性。

(3)标准的本质特征是统一性。

(4)标准的法规特性。

(三)标准的分类

《中华人民共和国标准化法》将标准划分为四种,既国家标准、行业标准、地方标准、企业标准。各层次之间有一定的依从关系和内在联系,形成一个覆盖全国又层次分明的标准体系。

1. 国家标准

对需要在全国范围内统一的技术要求,应当制定国家标准。国家标准由国家标准化管理委员会编制计划、审批、编号、发布。国家标准代号为GB和GB/T,其含义分别为强制性国家标准和推荐性国家标准。

2. 行业标准

对没有国家标准又需要在全国某个行业范围内统一的技术要求,可以制定行业标准,作为对国家标准的补充,当相应的国家标准实施后,该行业标准应自行废止。行业标准由行业标准归口部门编制计划、审批、编号、发布、管理。行业标准的归口部门及其所管理的行业标准范围，由国务院行政主管部门审定。部分行业的行业标准代号如下：农业——NY、商检——SN、汽车——QC、有色金属——YS、机械——JB、轻工——QB、船舶——CB、电力——DL。推荐性行业标准在行业代号后加"/T"，如"JB/T"即为机械行业推荐性标准，不加"T"为强制性标准。

3. 地方标准

对没有国家标准和行业标准而又需要在省、自治区、直辖市范围内统一的要求，可以制定地方标准。地方标准由省、自治区、直辖市标准化行政主管部门统一编制计划、组织制定、审批、编号、发布。标准代号为 DB，如 DB 52 代表贵州省地方标准，DB 52/T 433—2018 是指2018 年发布的都匀毛尖贵州省推荐性地方标准。地方标准均为推荐性标准。

4. 企业标准

是对企业范围内需要协调、统一的技术要求、管理要求和工作要求所制定的标准。企业产品标准其要求不得低于相应的国家标准或行业标准的要求。企业标准由企业制定，由企业法人代表或法人代表授权的主管领导批准、发布。企业产品标准应在发布后 30 日内向政府备案。标准代号为 Q，有效期三年。

【项目步骤及实施】

（一）项目步骤

（1）实训开始。

（2）认识各类茶叶的标准。

（3）实训结束。

（二）项目实施

实训授课 2 学时，共计 90min，其中教师示范讲解 50min，学生分组练习 30min，考核10min。地点在多媒体教室。

（三）分组方案

每组 4 人，其中一人任组长。

（四）实施原则

独立完成，组内合作，组间协作，教师指导。

【项目预案】

茶叶检验标准是各产茶国或消费国根据各自的生产水平和消费需要确定的检验项目，如品质水平和理化指标。各国茶叶检验标准，也都是通过经济立法的手段，作为政府经济法律或法规予以公布，对内作为生产、加工的准绳和检验依据；对外作为双边贸易和多边贸易的品质指标和检验依据，对生产和贸易都起着提高和促进作用，同时在某些时候或某些国家也被用来作为贸易技术壁垒。

【项目评价】

茶叶标准项目评价考核评分如表 1－5 所示。

表 1 – 5　　　　　　　　　　　茶叶标准项目评价考核评分表

分项	内容	满分	自评分 （10%）	组内互评分 （10%）	组间互评分 （10%）	教师评分 （70%）	单项实际 得分
1	茶叶标准的作用	40					
2	认识各种标准	40					
3	综合表现	20					
	合计	100					

【项目作业】

（1）茶叶标准的定义及其作用是什么？

（2）茶叶标准的分类是什么？

【项目拓展】

请登录网站"全国茶叶标准化技术委员会"（http://www.tc339.com）查询并了解茶叶相关标准。

项目二　茶叶标准的制定

【项目要求】

通过本项目的学习，能够参与制定相关的茶叶企业标准。

【项目理论及分析】

（一）制定茶叶标准的意义

茶叶标准是各产茶国或消费国根据各自的生产水平和消费需要确定的检验项目，如品质水平和理化指标。各国茶叶检验标准，也都是通过立法手段，作为政府经济法律或法规予以公布，对内作为生产、加工的准绳和检验依据；对外作为贸易和多边贸易的品质指标和检验依据，对生产和贸易都起着提高和促进作用，同时在某些国家和地区也被用来作为贸易技术壁垒。

为了使茶叶生产、加工和管理进一步科学化、规范化、提高生产、技工和技术人员素质，改进产品质量，节约原材料，降低成本，提高企业经营管理水平，不仅要制定企业标准，而且还要使企业的生产、加工、检验人员以及企业领导都必须懂得标准，才能做到标准化生产、加工和检验。

（二）制定茶叶企业标准的内容

制定茶叶企业标准，首先要了解制定标准的内容和格式。一般包括以下几个方面。

1. **标准的封面**

标准的封面有以下几项内容：标准的类别、标准的编号、标准的名称、标准的发布和实施日期、标准的发布单位。

2. **前言**

标准的前言包括以下几项内容：制定标准的目的、应用标准的名称、提出制定标准的单位及归口部门、承担制定标准的起草单位及主要起草人员。

3. 标准的正文

标准的正文根据标准的类型不同而有所不同。

（1）品质规格标准 明确使用标准的产品名称、制定本标准所引用的标准名义、标准中所用名词的解释和定义、应用本标准所用仪器及要求、检验原理、测定结果或评论结果的计算及误差要求。

（2）检验方法标准 明确适用标准的产品名称和范围、制定本标准所引用的标准名称、标准中所用名词的解释和定义、品质规格要求。

4. 制定标准的格式

制定标准的格式参照 GB/T 1.1—2009《标准化工作导则 第 1 部分:标准的结构和编写》。

【项目步骤及实施】

（一）项目步骤

（1）实训开始。

（2）按要求制定茶叶标准。

（3）实训结束。

（二）项目实施

实训授课 2 学时,共计 90min,其中教师示范讲解 50min,学生分组练习 30min,考核 10min。地点在多媒体教室。

1. 分组方案

每组 4 人,其中一人任组长。

2. 实施原则

独立完成,组内合作,组间协作,教师指导。

【项目预案】

以下是已制定的《湄潭翠芽茶》地方标准,为非正式发布的版本,供实训时参考。

ICS 67. 140. 10

X 55

DB52

贵 州 省 地 方 标 准

（DB 52/T 478—2015）

代替 DB52/T 478 - 2005

湄潭翠芽茶(讨论稿)

Meitan Cuiya Tea

2015 - 02 - 15 发布　　　　　　　　　　　2015 - 03 - 15 实施

贵州省质量技术监督局

贵 州 省 农 业 委 员 会 　发 　布

前　言

本标准按 GB/T 1.1—2009《标准化工作导则　第 1 部分：标准的结构和编写》给出的规则起草。

请注意：本文件的某些内容可能涉及专利，本文件的发布机构不承担识别这些专利的责任。

本标准代替 DB 52/T 478—2005《湄潭翠芽茶》。本标准与 DB 52/T 478—2005 相比，除编辑性修改外主要差异：修改了感官指标、理化指标、安全指标、保质期限，增加了净含量。

本标准由贵州省农业委员会提出并归口。

本标准主要起草单位：贵州省湄潭县茶业协会、湄潭县茶产业发展中心、贵州省茶叶研究所、贵州省茶技术茶文化中等专业学校、国家茶及茶制品检验监督中心（贵州）、贵州省湄潭县茗茶有限公司、贵州湄潭兰馨茶业有限公司、贵州省湄潭县栗香茶业有限公司。

本标准主要起草人：陈正芳、何义龙、罗召、郑文佳、牟杰、朱丽、吴贤才、金循、张金义。

湄潭翠芽茶

1　范围

本标准规定了湄潭翠芽茶的术语和定义、要求、试验方法、检验规则、标志标签、包装、运输和贮存。

本标准适用于湄潭翠芽茶。

2　规范性引用文件

下列文件对于本文件的应用是必不可少的。凡是注日期的引用文件，仅所注日期的版本适用于本文件。凡是不注日期的引用文件，其最新版本（包括所有的修改单）适用于本文件。

GB 2762　　食品安全国家标准　食品中污染物限量

GB 2763　　食品安全国家标准　食品中农药最大残留限量

GB 7718　　食品安全国家标准　预包装食品标签通则

GB 14881　　食品安全国家标准　食品生产通用卫生规范

GB 23350　　限制商品过度包装要求　食品和化妆品

GB/T 191　　包装储运图示标志

GB/T 8302　　茶　取样

GB/T 8303　　茶　磨碎试样的制备及其干物质含量测定

GB/T 8304　　茶　水分测定

GB/T 8305　　茶　水浸出物测定

GB/T 8306　　茶　总灰分测定

GB/T 8310　　茶　粗纤维测定

GB/T 8311　　茶　粉末和碎茶含量测定

GB/T 14487　茶叶感官审评术语

GB/T 18795　茶叶标准样品制备技术条件

GB/T 23776　茶叶感官评审方法

GB/T 30375　茶叶贮存

GH/T 1070　　茶叶包装通则

JJF 1070　　　定量包装商品净含量计量检验规则

国家质量监督检验检疫总局〔2005〕第 75 号令　定量包装商品计量监督管理办法

3　术语和定义

GB/T 14487 确定的以及下列术语和定义适用于本标准。

3.1　湄潭翠芽茶 Meitan Cuiya Tea

以湄潭县境内及与湄潭县环境相似的周边地域的适制绿茶的中小叶茶树品种的鲜叶为原料,按《湄潭翠芽茶　加工技术规程》生产的绿茶。

4　要求

4.1　原料要求

原料要求应符合"表 1:湄潭翠芽茶鲜叶要求"的规定。

表 1　　　　　　　　　　　　　　　　湄潭翠芽茶鲜叶要求

等级	等级标准	质量要求	品种要求
特级	单芽至一芽一叶初展,匀净	嫩、匀、鲜、净	适制绿茶的中、小叶茶树品种
一级	一芽一叶,匀净	嫩、匀、鲜、净	适制绿茶的中、小叶茶树品种
二级	一芽二叶初展	嫩、匀、鲜、净	适制绿茶的中、小叶茶树品种

4.2　分级和实物标准样

湄潭翠芽茶分为特级、一级、二级。产品的每个等级设一个实物标准样,为品质的最低界限,每三年更换一次。实物标准样的制备按 GB/T 18795 的规定执行。

4.3 成品茶质量

4.3.1 感官品质要求

感官品质符合表2的规定。

表2 湄潭翠芽茶感官品质

等级	外形	汤色	香气	滋味	叶底
特级	扁平直、匀整、黄绿润	黄绿明亮	清香/嫩香/栗香持久	鲜爽	黄绿明亮、嫩匀
一级	扁平直、匀整、黄绿润	黄绿亮	清香/嫩香/栗香尚持久	鲜醇	黄绿亮、嫩尚匀
二级	扁直尚匀整、黄绿尚润	黄绿尚亮	清香/嫩香/栗香欠持久	醇尚鲜	黄绿尚匀亮

4.3.2 理化指标

理化指标符合表3的规定。

表3 理化指标 单位:%

项目	水分	总灰分	水浸出物	粉末和碎茶	粗纤维
特级	≤6.0	≤6.0	≥40.0	≤5.0	≤14.0
一级	≤6.5	≤6.0	≥40.0	≤5.0	≤14.0
二级	≤6.5	≤6.5	≥40.0	≤5.0	≤15.0

4.3.3 安全指标

4.4.3.1 食品中污染物限量应符合 GB 2762 的规定。

4.3.3.2 食品中农药残留限量应符合 GB 2763 的规定。

4.3.4 净含量

净含量应符合《定量包装商品计量监督管理办法》的规定。

4.4 加工要求

4.4.1 卫生要求

应符合 GB 14881 的规定。

4.4.2 加工要求

应符合 DB 52/＊＊＊—＊＊＊《湄潭翠芽茶 加工技术规程》的规定。

5 试验方法

5.1 取样按 GB/T 8302 执行。

5.2 感官品质的检验按 GB/T 23776 执行。

5.3 样品的制备按 GB/T 8303 执行。

5.4 水分的检验按 GB/T 8304 执行。

5.5 总灰分的检验按 GB/T 8306 执行。

5.6 粉末茶的检验按 GB/T 8311 执行。

5.7 水浸出物的检验按 GB/T 8305 执行。

5.8 粗纤维的检验按 GB/T 8310 执行。

5.9 安全指标检验按 GB 2762 和 GB 2763 执行。

5.10 净含量的检验按 JJF 1070 执行。

6 检验规则

6.1 组批

以同一茶叶品种、同一批投料生产或同一批次加工过程中形成的独立数量的产品为一个批次。同批次产品的品质和规格应一致。

6.2 抽样

抽样按 GB/T 8302 执行。

6.3 检验

6.3.1 出厂检验

每批产品均应做出厂检验,经检验合格签发合格证后方可出厂。出厂检验的项目为感官品质、水分、粉末茶、净含量、标志标签。

6.3.2 型式检验

型式检验应每半年进行一次,型式检验项目为本标准4.3条的全部要求。有下列情况之一时亦进行型式检验:
    a)新产品试制时;
    b)原料或生产工艺有较大改变,可能影响产品质量时;
    c)连续停产三个月以上恢复生产时;
    d)出厂检验结果与上一次型式检验结果有较大差异时;
    e)国家质量监督管理部门提出型式检验要求时。

6.4 判定规则

6.4.1 检验结果全部符合本标准规定的产品,则判该批次产品为合格品。

6.4.2 对检验结果有争议时,应对留存样或在同批产品中重新按 GB/T 8302 规定加倍取样进行不合格项目的复验,以复验结果为准。

7 标志标签、包装、运输和贮存

7.1 标志标签

产品的标志应符合 GB/T 191 的规定,标签应符合 GB 7718 的规定。

7.2 包装

销售包装应符合 GB 23350 和 GH/T 1070 的规定,运输包装应符合 GH/T 1070 的规定。

7.3 运输

运输工具应清洁、干燥、无异味、无污染。运输时应有稳固、防潮、防淋、防晒措施。装卸时应轻装轻卸,防止挤压、碰撞。严禁与有毒、有害、有异味、易污染的物品混装和混运。

7.4 贮存

贮存应符合 GB/T 30375 的规定。

产品应贮于专用冷库中,保质期限为 24 个月。

【项目评价】

茶叶标准项目评价考核评分如表 1 – 6 所示。

表 1 – 6　　　　　　茶叶标准项目评价考核评分表

分项	内容	满分	自评分 (10%)	组内互评分 (10%)	组间互评分 (10%)	教师评分 (70%)	单项实际 得分
1	阅读茶叶标准文本	40					
2	制定茶叶标准	40					
3	综合表现	20					
	合计	100					

【项目作业】

根据实训要求制定教师指定茶叶标准?

【项目拓展】

根据以下文件要求,为某卷曲形绿茶制定地方标准。可参考"项目预案"中《湄潭翠芽茶》地方标准(讨论稿)。

地方标准编制说明

(一)工作简况。包括任务来源、协作单位、主要工作过程、主要起草人及其所做的工作等;

(二)标准编制原则和主要参考依据;

(三)标准内容编制说明(对标准每项技术内容确定依据做出说明,包括引用参照的标

准,科学技术成果,试验统计数据),修订标准时,应增列新旧标准水平的对比;

（四）标准验证的情况;

（五）技术经济论证,预期的经济效果;

（六）采用国际标准和国外先进标准的程度,以及与国际、国外国家同类标准水平的对比情况,或与测试的国外样品、样机的有关数据对比情况;

（七）与有关的现行法律、法规和强制性国家标准的关系;

（八）重大分歧意见的处理经过和依据;

（九）贯彻标准的措施建议(包括标准性质是强制性或推荐性标准实施时间建议;组织技术措施和过渡办法等内容);

（十）废止现行有关标准的建议;

（十一）其他应予说明的事项。

第二部分

中级评茶员技能要求

模块一　茶叶感官审评术语

评茶术语是记述茶叶品质感官检定结果的专业性用语,简称评语。可分为两类:一类是属于褒义词,用来指出产品的品质优点或特点的,如外形的细紧、细嫩、紧秀圆结、挺直尖削、重实、匀齐等。香气的芳香持久,清香、嫩香、花香、毫香等,滋味的浓强、鲜爽、醇厚等,汤色的清澈、红艳,叶底的嫩匀、厚实、明亮等;另一类属于贬义词,用来指出品质缺点的,如外形的松散、短碎、轻飘、花杂、脱档,香气的低闷、粗青、烟气、异气,滋味的淡薄、苦涩、粗钝,汤色的深暗、浑浊,叶底的粗老、瘦薄、暗褐等。

评茶术语有的只能专用于一种茶类,有的则可通用于几种茶类。例如,香气"鲜灵"只宜用于茉莉花茶;"清香"适用于绿茶而不宜用于红茶;滋味"鲜浓"则可用于多种茶类等。

评茶术语有的只能用于一项品质因子,有的则可相互通用。例如,"醇厚""醇和"只适用于滋味,"柔嫩"只能用于叶底而不能用于外形,而"细嫩"则可通用。

评茶术语有的对某种茶属褒义词,而对另一种茶则属贬义词。例如,条索"卷曲",对碧螺春、都匀毛尖等茶都是应有的品质特征,但对白毫银针、湄潭翠芽等则属缺点。又如"扁直"对西湖龙井、湄潭翠芽都是应有的品质特征,但对其他红茶、绿茶则属缺点,"焦香""陈香""松烟香"对一般茶类均属缺点,但威宁烤茶又必须具有焦香,普洱茶和六堡茶的陈香味为其茶类特征,小种红茶以具有松烟香味为特点。因此在使用评语时既要对照实物标准样来正确评比,又要根据各种茶类的品质特点结合长期评茶工作中形成的经验标准来做出正确的结论。

我国茶类多,花色品种丰富,各类茶、各种工艺、各种机具、各地产品、各个等级品质状况极为复杂多变,注释评语是项艰巨工作,要想得到非常完整、完全统一的评语是较为困难的。现将常用评语初步加以整理、归类和注释,供选用参考和研究。

项目一　茶叶审评通用术语

一、干茶形状

显毫:茸毛含量较多。同义词:茸毛显露。

锋苗:芽叶细嫩,紧卷而有尖锋。

身骨:茶身轻重。

重实:身骨重,茶在手中有沉重感。

轻飘、轻松:身骨轻,茶在手中分量很轻。

匀整、匀齐、匀称:上中下三段茶的粗细、长短、大小较一致,比例适当,无脱档现象。

脱档:上下段茶多,中段茶少;或上段茶少,下段茶多,三段茶比例不当。

匀净:匀齐而洁净,不含梗、朴及其他夹杂物。

挺直:茶条匀齐,不曲不弯。

弯曲、钩曲:不直,呈钩状或弓状。

平伏:茶叶在盘中相互紧贴,无松起架空现象。

紧结:卷紧而结实。

紧直:卷紧而圆直。

紧实:松紧适中,身骨较重实。

肥壮、硕壮:芽叶肥嫩身骨重。

壮实:尚肥嫩,身骨较重实。

粗实:嫩度较差,形粗大而尚重实。

粗松:嫩度差,形状粗大而松散。

松条、松泡:卷紧度较差。

松扁:不紧而呈平扁状。

扁块:结成扁圆形或不规则圆形带扁的团块。

圆浑:条索圆而紧结。

圆直、浑直:条索圆浑而挺直。

扁条:条形扁,欠圆浑。

扁直:扁平挺直。

肥直:芽头肥壮挺直,形状如针,满披茸毛。

短钝、短秃:茶条折断,无锋苗。

短碎:面张条短,下段茶多,欠匀整。

松碎:条松而短碎。

下脚重:下段中最小的筛号茶过多。

爆点:干茶上的突起泡点。

破口:折、切断口痕迹显露。

老嫩不匀:茶叶花杂,成熟叶与嫩叶混杂,叶色不一致,条形与嫩度不一致。

二、干茶色泽

乌润:乌而油润。此术语适用于黑茶、红茶和乌龙茶干茶色泽。

油润:干茶色泽鲜活,光泽好。

枯燥:色泽干枯无光泽。

枯暗:色泽枯燥发暗。

枯红:色红而枯燥。用于乌龙茶时,多为"死青""闷青"、发酵过度或夏暑茶虫叶而形成的品质弊病。

调匀:叶色均匀一致。

花杂:叶色不一,形状不一或多梗、朴等茶类夹杂物。此术语也适用于叶底。

绿褐:绿中带褐。

青褐:褐中带青,此术语适用于黄茶和乌龙茶干茶色泽以及压制茶干茶和叶底的色泽。

黄褐:褐中带黄。此术语适用于黄茶和乌龙茶干茶的色泽以及压制茶干茶和叶底的色泽。

翠绿:绿中显青翠。

灰绿:叶面色泽绿而稍带灰白色。为加工正常、品质较好的白牡丹、贡眉外形色泽,也为炒青绿茶长时间炒干所形成的色泽。

墨绿、乌绿、苍绿:色泽浓绿泛乌有光泽。

暗绿:色泽绿而发暗,无光泽,品质次于乌绿。

花青:普洱熟茶色泽红褐中带有青条,是渥堆不匀或拼配不一致造成的。也适用于红茶发酵不足、乌龙茶做青不匀而形成的干茶或叶底色泽。

三、汤色

清澈:清净、透明、光亮、无沉淀物。

鲜明:新鲜明亮。

鲜艳:鲜明艳丽,清澈明亮。

深:茶汤颜色深。

浅:茶汤色浅似水。

浅黄:黄色较浅。此术语适用于白茶、黄茶和高档茉莉花茶汤色。

黄亮:黄而明亮,有深浅之分。此术语适用于黄茶和白茶的汤色以及黄茶叶底色泽。

橙黄:黄中微泛红,似枯黄色,有深浅之分．此术语适用于黄茶、压制茶、白茶和乌龙茶汤色。

明亮:茶汤清净透亮。也用于叶底色泽有光泽。

橙红:红中泛橙色。常用于青砖、紧茶等汤色。也适用于重做青乌龙茶汤色。

深红:红较深。适用于普洱熟茶和红茶汤色。

暗:茶汤不透亮。此术语也适用于叶底,指叶色暗沉无光泽。

红暗:红而深暗。

黄暗:黄而深暗。

青暗:色青而暗。为品质有缺陷的绿茶汤色也用于品质有缺陷的绿茶、压制茶的叶底色泽。

混浊:茶汤中有大量悬浮物,透明度差。

沉淀物:茶汤中沉于碗底的物质。

四、香气

高香:茶香高而持久。

馥郁:香气幽雅,芬芳持久。此术语适用于绿茶、乌龙茶和红茶香气。

鲜爽:新鲜爽快。此术语适用于绿茶、红茶的香气以及绿茶、红茶和乌龙茶的滋味。也用于高档茉莉花茶滋味新鲜爽口,味中仍有浓郁的鲜花香。

嫩香:嫩茶所特有的愉悦细腻的香气。此术语适用于原料嫩度好的黄茶、绿茶、白茶和红茶香气。

鲜嫩:新鲜悦鼻的嫩茶香气。此术语适用于绿茶和红茶的香气。

清香:香清爽鲜锐,此术语适用于绿茶和轻做青乌龙茶的香气。

清高:清香高而持久,此术语适用于绿茶、黄茶和轻做青乌龙茶的香气。

清鲜:香清而新鲜,细长持久。此术语也适用于黄茶、绿茶、白茶和轻做青乌龙茶的香气。

清纯:香清而纯正,持久度不如清鲜。此术语适用于黄茶、绿茶、乌龙茶和白茶香气。

板栗香:似熟栗子香。此术语适用于绿茶和黄茶香气。

甜香:香高有甜感。此术语适用于绿茶、黄茶、乌龙茶和红茶香气。

毫香:白毫显露的嫩芽叶所具有的香气。

纯正:茶香不高不低,纯净正常。

平正:茶香平淡,但无异杂气。

足火:茶叶干燥过程中温度和时间掌握适当,其有该茶类良好的香气特征。

焦糖香:烘干充足或火功高致使香气带有糖香。

闷气:沉闷不爽。

低:低微,但无粗气。

青气:带有青草或青叶气息。

松烟香:带有松脂烟香。此术语适用于黄茶、黑茶和小种红茶香气。

高火:微带烤黄的锅巴香,茶叶干燥过程中温度高或时间长而产生。

老火:茶叶干燥过程中温度过高,或时间过长而产生的似烤黄锅巴或焦糖香,火气程度重于高火。

焦气:火气程度重于老火,有较重的焦烟气。

钝浊:滞钝、混杂不爽。

粗气:粗老叶的气息。

陈气:茶叶陈化的气息。

劣异气:茶叶加工或储存不当产生的劣变气息或污染外来物质所产生的气息。如烟、焦、酸、馊、霉或其他异杂气。使用时应指明属何种劣异气。

五、滋味

回甘:茶汤饮后在舌根和喉部有甜感,并有滋润的感觉。

浓厚:入口浓,刺激性强而持续,回甘。

醇厚:入口爽适甘厚,余味长。

浓醇:入口浓有刺激性,回甘。

甘醇、甜醇:味醇而带甜。此术语适用于黄茶、乌龙茶、白茶和条红茶滋味。

鲜醇:清鲜醇爽,回甘。

甘鲜:鲜洁有甜感。此术语适用于黄茶、乌龙茶和条红茶滋味。

醇爽:醇而鲜爽,毫味足。适用于芽叶较肥嫩的黄茶、绿茶、白茶和条红茶的滋味。

醇正:茶味浓度适当,清爽正常,回味带甜。

醇和:醇而平和,回味略甜。刺激性比醇正弱而比平和强。

平和:茶味正常、刺激性弱。

清淡:味清无杂味,但浓度低,对口、舌无刺激感。

淡薄、和淡、平淡:入口稍有茶味,无回味。

涩:茶汤入口后,有麻嘴厚舌的感觉。

粗:粗糙滞钝。

青涩:涩而带有生青味。

青味:茶味淡而青草味重。

苦:入口即有苦味,后味更苦。

熟味:茶汤入口不爽,带有蒸熟或焖熟味。

高火味:茶叶干燥过程中温度高或时间长而产生的微带烤黄的锅巴香味。

老火味:茶叶干燥过程中温度过高或时间过长而产生的似烤黄锅巴或焦糖的味、火气程度重于高火味。

焦味:火气程度重于老火味,茶汤带有较重的焦糊味。

陈味:茶叶陈变的滋味。

劣异味:茶叶加工或储存不当产生的劣变味或污染外来物质所产生的味感,如烟、焦、酸、馊、霉或其他异杂味。使用时应指明属何种劣异味。

六、叶底

细嫩:芽头多或叶子细小嫩软。

柔嫩:嫩而柔软。

肥嫩:芽头肥壮,叶质柔软厚实。此术语适用子绿茶、黄茶、白茶和红茶叶底嫩度。

柔软:手按如绵,按后伏贴盘底。

匀:老嫩、大小、厚薄、整碎或色泽等均匀一致。

杂:老嫩、大小、厚薄、整碎或色泽等不一致。

嫩匀:芽叶嫩而柔软,匀齐一致。

肥厚:芽或叶肥壮,叶肉厚,叶脉不露。

开展、舒展:叶张展开,叶质柔软。

摊张:老叶摊开。

粗老:叶质粗硬,叶脉显露。

皱缩:叶质老,叶面卷缩起皱纹。

瘦薄:芽头瘦小,叶张单薄少肉。

硬:叶质较硬。

破碎:断碎、破碎叶片多。

鲜亮:鲜艳明亮。

暗杂:叶色暗沉、老嫩不一。

硬杂:叶质粗老、坚硬、多梗、色泽驳杂。

焦斑:叶张边缘、叶面或叶背有局部黑色或黄色烧伤斑痕。

项目二　绿茶及绿茶坯花茶审评术语

一、绿茶及绿茶坯花茶干茶形状

细紧:条索细长紧卷而完整,锋苗好。此术语也适用于红茶和黄茶干茶形状。

紧秀:紧细秀长,显锋苗。此术语也适用于高档条红茶干茶形状。

纤细:条索细嫩而苗条。为芽叶特别细小的高档绿茶干茶形状。

挺秀:茶叶细嫩,造型好,挺直秀气尖削。

盘花:含芽尖,加工精细,炒制成盘花圆形或椭圆形的颗粒,多为高档绿茶之圆形造型。

卷曲:呈螺旋状或环状卷曲,为高档绿茶之特殊造型。

卷曲如螺:条索卷紧后呈螺旋状,为碧螺春等卷曲形名优绿茶之造型。

细圆:颗粒细小圆紧,嫩度好,身骨重实。

圆结:颗粒圆而紧结重实。

圆整:颗粒圆而整齐。

圆实:颗粒圆而稍大,身骨较重实。

粗圆:颗粒稍粗大尚成圆。

粗扁:颗粒粗松带扁。

团块:颗粒大如蚕豆或荔枝核,多数为嫩芽叶枯结而成,为条形茶或圆形茶中加工有缺陷的干茶外形。

黄头:叶质较老,颗粒圆实,色泽露黄。

蝌蚪形:圆茶带尾,条茶一端扭曲而显粗,形似蝌蚪。

圆头:条形茶中结成圆块的茶,为条形茶中加工有缺陷的干茶外形。

扁削:扁平而尖锋显露,扁茶边缘如刀削过一样齐整,不起丝毫皱折,多为高档扁形茶外形特征。

尖削:扁削而如剑锋。

扁平:扁形茶外形扁坦平直。

光滑:茶条表面平洁油滑,光润发亮。

光扁:扁平光滑,多为高档扁形茶之外形。

光洁:茶条表面平洁,尚油润发亮。

紧条:扁形茶扁条过紧,不平坦。

狭长条:扁形茶扁条过窄、过长。

宽条:扁形茶扁条过宽。

折叠:叶张不平呈皱叠状。

宽皱:扁形茶扁条折皱而宽松。

浑条:扁形茶的茶条不扁而呈浑圆状。

扁瘪:叶质瘦薄少肉,扁而干瘪。

细直:细紧圆直、两端略尖,形似松针。

茸毫密布、茸毛披覆:芽叶茸毫密密地覆盖着茶条,为高档碧螺春等多茸毫绿茶之外形。

茸毫遍布:芽叶茸毫遮掩茶条,但覆盖程度低于密布。

脱毫:茸毫脱离芽叶,为碧螺春等多茸毫绿茶加工中有缺陷的干茶形状。

二、绿茶及绿茶坯花茶干茶色泽

嫩绿:浅绿嫩黄,富有光泽。也适用于高档绿茶之汤色和叶底色泽。

嫩黄:金黄中泛出嫩白色,为高档白叶类茶如安吉白茶等干茶、叶底特有色泽,也适用于黄茶干茶、汤色及叶底色泽。

深绿:绿得较深,有光泽。

绿润:色绿而鲜活,富有光泽。

起霜:茶条表面带银白色,有光泽。

银绿:白色茸毛遮掩下的茶条,银色中透出嫩绿的色泽,为茸毛显露的高档绿茶色泽特征。

黄绿:以绿为主,绿中带黄。此术语也适用于汤色和叶底。

绿黄:以黄为主,黄中泛绿,比黄绿差、此术语也适用于汤色和叶底。

灰褐:色褐带灰无光泽。

露黄:面张含有少量黄朴、片及黄条。

灰黄:色黄带灰。

枯黄:色黄而枯燥。

灰暗:色深暗带死灰色。

三、绿茶及绿茶坯花茶汤色

绿艳:汤色鲜艳,似翠绿而微黄,清澈鲜亮,为高档绿茶之汤色评语。

杏绿:浅绿微黄,清澈明亮。

碧绿:绿中带翠,清澈鲜艳。

深黄:黄色较深,为品质有缺陷的绿茶汤色。也适用于中低档茉莉花茶汤色。

红汤:汤色发红,为变质绿茶的汤色。

四、绿茶坯茉莉花茶香气

鲜灵:花香新鲜充足,一嗅即有愉快之感。为高档茉莉花茶的香气。

鲜浓:香气物质含量丰富、持久,花香浓,但新鲜悦鼻程度不如鲜灵。为中高档茉莉花茶的香气。也用于高档茉莉花茶的滋味鲜洁爽口,富收敛性,味中仍有鲜花香。

浓:花香浓郁,持久。

鲜纯:茶香、花香纯正、新鲜,花香浓度稍差,为中档茉莉花茶的香气。也适用于中档茉莉花茶的滋味。

幽香:花香文静、幽雅、柔和持久。

纯:花香、茶香正常,无其他异杂气。

鲜薄:香气清淡,较稀薄,用于低窨次花茶的香气。

香薄、香弱、香浮:花香短促,薄弱,浮于表面,一嗅即逝。

透素:花香薄弱,茶香突出。

透兰:茉莉花香中透露白兰花香。

香杂:花香混杂不清。

欠纯:香气夹有其他的异杂气。

五、其他绿茶香气

其他绿茶香气术语采用香气通用术语。

六、绿茶及绿茶坯花茶滋味

粗淡:茶味淡而粗糙,花香薄弱,为低级别茉莉花茶的滋味。

熟闷味:软熟沉闷不爽。

杂味:滋味混杂不清爽。

七、绿茶及绿茶坯花茶叶底

单张:脱茎的单片叶子、叶质柔软。

卷缩:冲泡后,叶张仍卷着成条形。

红梗红叶:茎叶泛红,为绿茶品质弊病。

青张:夹杂青色叶片。此术语也适用于乌龙茶叶底色泽。

靛青、靛蓝:叶底中夹带蓝绿色芽叶,为紫色芽叶茶特有的叶底特征。

项目三　白茶审评术语

一、白茶干茶形状

毫心肥壮:芽肥嫩壮大,茸毛多。

茸毛洁白:茸毛多、洁白而富有光泽。

叶连枝:芽叶相连成朵。

叶缘垂卷:叶面隆起,叶缘向叶背微微反卷。

平展:叶缘不垂卷而与叶面平。

破张:叶张破碎不完整。

蜡片:表面形成蜡质的老片。

二、白茶干茶色泽

毫尖银白:茸毛银白有光泽的芽尖。

白底绿面:叶背茸毛银白色,叶面灰绿色或翠绿色。

绿叶红筋:叶面绿色,叶脉呈红黄色。

铁板色:深红而暗似铁锈色,无光泽。

铁青:似铁色带青。

青枯:叶色青绿,无光泽。

三、白茶汤色

浅杏黄:黄带浅绿色,常为高档新鲜之白毫银针汤色。

微红:色微泛红,为鲜叶萎凋过度、产生较多红张而引起。

四、白茶香气

嫩爽:活泼、爽快的嫩茶香气。

失鲜:极不鲜爽,有时接近变质。多由白茶水分含量高,储存过程回潮而产生的品质弊病。

五、白茶滋味

清甜:入口感觉清新爽快,有甜味。

六、白茶叶底

红张:萎凋过度,叶张红变。

暗张:暗黑多为雨天制茶形成死青。

铁灰绿:色深灰带绿色。

项目四 黄茶审评术语

一、黄茶干茶形状

梗叶连枝:叶大梗长而相连。

鱼籽泡:干茶上有鱼籽大的突起泡点。

二、黄茶干茶色泽

金黄光亮:芽头肥壮,芽色金黄,油润光亮。

褐黄:黄中带褐,光泽稍差。

黄青:青中带黄。

三、黄茶汤色

杏黄:汤色黄稍带淡绿。

四、黄茶香气

锅巴香:似锅巴的香。

五、黄茶滋味

甜爽:爽口而有甜味。

项目五 乌龙茶审评术语

一、乌龙茶干茶形状

蜻蜓头:茶条叶端卷曲,紧结沉重,状如蜻蜓头。

壮结:茶条肥壮结实。

壮直:茶条肥壮挺直。

细结:颗粒细小紧结或条索卷紧细小结实。多为闽南乌龙茶中黄金桂或广东石古坪乌龙茶的外形特征。

扭曲:茶条扭曲,叶端折皱重叠,为闽北乌龙茶特有的外形特征。

尖梭:茶条长而细瘦,叶柄窄小,头尾细尖如菱形。

粽叶蒂:干茶叶柄宽、肥厚,如包粽子的碧叶的叶柄,包揉后茶叶平伏,铁观音、水仙、大叶乌龙等品种有此特征。

白心尾:芽头有白色茸毛包裹。

叶背转:叶片水平着生的鲜叶,经揉捻后,叶面顺主脉向叶背卷曲。

二、乌龙茶干茶色泽

砂绿:似蛙皮绿,即绿中似带砂粒点。

青绿:色绿而带青,多为雨水青、露水青或做青工艺走水不匀引起"滞青"而形成。

乌褐:色褐而泛乌,常为重做青乌龙茶或陈年乌龙茶之色泽。

褐润:色褐而富光泽,为发酵充足、品质较好之乌龙茶色泽。

鳝鱼皮:干茶色泽砂绿蜜黄,富有光泽,似鳝鱼皮色,为闽南水仙等品种特有色泽。

象牙色:黄中呈赤白,为黄金桂、赤叶奇兰、白叶奇兰等特有的品种色。

三节色:茶条叶柄呈青绿色或红褐色,中部呈乌绿或黄绿色,带鲜红点,叶一端呈朱砂红色或红黄相间。

红点:做青时叶中部细胞破损的地方,叶子的红边经卷曲后,都会呈现红点,以鲜红点品质为好,褐红点品质较差。

香蕉色:叶色呈翠黄绿色,如刚成熟香蕉皮的颜色。

明胶色:干茶色泽油润有光泽。

芙蓉色:在乌润色泽上泛白色光泽,犹如覆盖一层白粉。

珲白色:叶表面稍光滑,带粗白粉状,为茶叶摩擦而形成。

三、乌龙茶汤色

蜜绿:浅绿略带黄,多为轻做青乌龙茶之汤色。

绿金黄:金黄色中带浓绿色,为做青不足之表现。

金黄:以黄为主,微带橙黄,有淡金黄、深金黄之分。

清黄:黄而清澈,比金黄色的汤色略淡。

茶籽油色:茶汤金黄明亮有浓度,如茶籽压榨后的茶油颜色。

青浊:茶汤中带绿色的胶状悬浮物,为做青不足、揉捻重压而造成。

四、乌龙茶香气

岩韵:武夷岩茶特有的地域风味,俗称"岩骨花香"。

音韵:铁观音所特有的品种香和滋味的综合体现。

高山韵:高山茶所特有的香气清高细腻,滋味丰韵饱满、厚而回甘的综合体现。

浓郁:浓而持久的特殊花果香。

花香:似鲜花的自然清香,新鲜悦鼻,多为优质乌龙茶之品种香和闽南乌龙茶做青充足的香气。

花蜜香:花香中带有蜜糖香味,为广东蜜兰香单丛、岭头单丛之特有品种香。

清长:清而纯正并持久的香气。

粟香:经中等火温长时间烘焙而产生的如粟米的香气。

奶香:香气清高细长,似奶香,多为成熟度稍嫩的鲜叶加工而形成。

果香:浓郁的果实熟透香气,如香橼香、水蜜桃香、椰香等。常用于闽南乌龙茶的佛手、铁观音、本山等特殊品种茶的香气;也有似干果的香气,如核桃香、桂圆香等。常用于红茶的香气。

酵香:似食品发酵时散发的香气,多由做青程度稍过度或包揉过程未及时解块散热而产生。

高强:香气高,浓度大,持久。

木香:茶叶粗老或冬茶后期,梗叶木质化,香气中带纤维气味和甜感。

辛香:香高有刺激性,微青辛气味,俗称线香,为梅占等品种香。

地域香:特殊地域、上质栽培的茶树,其鲜叶加工后会产生特有的香气,如岩香、高山香等。

失风味:香气滋味失去正常的风味,多用于干燥后茶叶摊凉时间太长,茶暴露于空气中,或保管时未密封,茶叶吸潮引起。

日晒气:茶坯受阳光照射后,带有日光味,似晒干菜的气味,也称日腥味、太阳味。

香飘、虚香:香浮而不持久,多为做青时间太长或做青叶温和气温太高而产生的香气特征。

粗短气:香短,带粗老气息。

青浊气:气味不清爽,多为雨水青、杀青未杀透或做青不当而产生的青气和浊气。

黄闷气:闷浊气,包揉时由于叶温过高或定型时间过长闷积而产生的不良气味。也有因烘焙过程火温偏低或摊焙茶叶太厚而引起。

闷火:乌龙茶烘焙后,未适当摊凉而形成一种令人不快的火气。

硬火、猛火:烘焙火温偏高、时间偏短、摊凉时间不足即装箱而产生的火气。

馊气:轻做青时间拖得过久或湿坯堆积时间过长产生的馊酸气。

五、乌龙茶滋味

清醇:茶汤入口爽适,清爽带甜。为闽南乌龙茶之滋味特征。

粗浓:味粗而浓。

浊:口感不顺,茶汤中似有胶状悬浮物或有杂质。

青浊味:茶汤不清爽,带青味和浊味,多为雨水青、晒青、做青不足或杀青不匀不透而产生。

苦涩味:茶味苦中带涩,多为鲜叶幼嫩,萎凋、做青不当或是夏暑茶而引起。

闷黄味:茶汤有闷黄软熟的气味,多为杀青叶闷堆未及时摊开,揉捻时间偏长或包揉叶温过高、定型时间偏长而引起。

水味:茶汤浓度感不足,淡薄如水。

酵味:晒青不当造成灼伤或做青过度而产生的不良气味,汤色常泛红,叶底夹杂有暗红张。

苦臭味:滋味苦中带腥味,难以入口。

六、乌龙茶叶底

肥亮:叶肉肥厚,叶色明亮。

软亮:嫩度适当或稍嫩,叶质柔软,按后伏贴盘底,叶色明亮。

红边:做青适度,叶边缘呈鲜红或珠红色,叶中央黄亮或绿亮。

绸缎面:叶肥厚有绸缎花纹,手摸柔滑有韧性。

滑面:叶肥厚,叶面平滑无波状。

白龙筋:叶背叶脉泛白,浮起明显,叶张薄软。

红筋:叶柄、叶脉受损伤,发酵泛红。

糟红:发酵不正常和过度,叶底褐红,红筋红叶多。

暗红张:叶张发红而无光泽,多为晒青不当造成灼伤、发酵过度而产生。

死红张:叶张发红,夹杂伤红叶片,为采摘、运送茶青时人为损伤和闷积茶青或晒青、做青不当而产生。

项目六　红茶审评术语

一、红茶干茶形状

金毫:嫩芽带金黄色茸毫。

紧卷:碎茶颗粒卷得很紧。

折皱:颗粒卷得不紧,边缘折皱,为红碎茶中片茶的形状。

粗大:比正常规格大的茶。

粗壮:条粗大而壮实。

细小:比正常规格小的茶。

茎皮:嫩茎和梗揉碎的皮。

毛糙:形状大小,粗细不匀,有毛衣、筋皮。

二、红茶干茶色泽

褐黑:乌中带褐有光泽。

灰枯:色灰而枯燥。

三、红茶汤色

红艳:茶汤红浓,金圈厚而金黄,鲜艳明亮。

红亮:红而透明光亮。此术语也适用于叶底色泽。

红明:红而透明,亮度次于"红亮"。

浅红:红而淡,深度不足。

冷后浑:茶汤冷却后出现浅褐色或橙色乳状的浑浊现象,为优质红茶象征之一。

姜黄:红碎茶茶汤加牛乳后,呈姜黄明亮。

粉红:红碎茶茶汤加牛乳后,呈明亮玫瑰红色。

灰白:红碎茶茶汤加牛乳后,呈灰暗混浊的乳白色。

浑浊:茶汤中悬浮较多破碎叶组织微粒及胶体物质,常由萎凋不足,揉捻、发酵过度形成。

四、红茶香气

鲜甜:鲜爽带甜感。此术语也适用于滋味。

高锐:香气鲜锐,高而持久。

甜纯:香气纯而不高,但有甜感。

麦芽香:干燥得当,带有麦芽糖香。

桂圆干香:似干桂圆的香。

浓顺:松烟香浓而和顺,不呛喉鼻。为品质较高的武夷正山小种红茶香味特征。

五、红茶滋味

浓强:茶味浓厚,刺激性强。

浓甜:味浓而带甜,富有刺激性。

浓涩:富有刺激性,但带涩味,鲜爽度较差。

桂圆汤味:茶汤似桂圆汤味。

六、红茶叶底

红匀:红色深淡一致。

紫铜色:色泽明亮,呈紫铜色,为优良叶底颜色。

乌暗:似成熟的栗子壳色,不明亮。

乌条:叶底乌暗而不开展。

古铜色:色泽红较深,稍带青褐色,为武夷山小种红茶所特有的叶底色泽。

项目七 黑茶与紧压茶审评术语

一、黑茶、紧压茶干茶形状

泥鳅条:茶条圆直较大,状如泥鳅。

折叠条:茶条折皱重叠。

皱折叶:叶片皱折不成条。

端正:紧压茶形态完整,砖形茶砖面平整,棱角分明。

纹理清晰:紧压茶表面花纹、商标、文字等标记清晰。

起层:紧压茶表层翘起而未脱落。

落面:紧压茶表层有部分茶脱落。

脱面:紧压茶的盖面脱落。

紧度适合:压制松紧适度。

平滑:紧压茶表面平整,无起层落面或茶梗突出现象。

金花:茯砖茶中冠突散囊菌的金黄色孢子群落。金花普遍茂盛,品质为佳。

斧头形:砖身一端厚、一端薄,形似斧头。

缺口:砖茶、饼茶等边缘有残缺现象。

包心外露:里茶外露于表面。

龟裂:紧压茶表面有裂缝现象。

烧心:紧压茶中心部分发昭、发黑或发红。烧心砖多发生霉变。

断甑:金尖中间断落,不成整块。

泡松:沱茶、饼茶等因压制不紧结,呈现出松而易散形状。

歪扭:沱茶碗口处不端正。歪即碗口部分厚薄不匀,压茶机压轴中心未在沱茶正中心,碗口不正;扭即沱茶碗口不平,一边高一边低。

通洞:因压力过大,使沱茶洒而正中心出现孔洞。

掉把:特指蘑菇状紧茶因加工或包装等技术操作不当,使紧茶的柄掉落。

铁饼:压制过紧,表面茶叶条索模糊,茶饼紧硬。

泥鳅边:饼茶边沿圆滑,状如泥鳅背。

刀口边:饼茶边沿薄锐,状如钝刀口。

宿梗:老化的隔年茶梗。

红梗:表皮棕红色的木质化茶梗。

青梗:表皮青绿色比红梗较嫩的茶梗。

二、黑茶、紧压茶干茶色泽

半筒黄:色泽花杂,叶尖黑色,柄端黄黑色。

黑褐:褐中带黑,常用于黑砖、花砖和特制茯砖的干茶和叶底色泽,也用于普洱茶因渥堆过度导致碳化,而呈现出的干茶和叶底色泽。

铁黑:色黑似铁。

棕褐:褐中带棕。常用于康砖、金尖茶的干茶和叶底色泽。也适用于红茶干茶色泽。

青黄:黄中泛青,为原料后发酵不足所致。

猪肝色:红而带暗,似猪肝色。为普洱熟茶渥堆适度的干茶色泽。也适用于叶底色泽。

褐红:红中带褐,为普洱熟茶渥堆正常的干茶色泽,渥堆程度略高于猪肝色,也适用于叶底色泽。

三、黑茶、紧压茶汤色

棕红:红中泛棕,似咖啡色。

棕黄:黄中泛棕。常用于茯砖、黑砖等汤色。

红黄:黄中带红。常用于金尖、方包等汤色。

栗红:红中带深棕色。也适用于陈年普洱青茶的叶底色泽。

栗褐:褐中带深棕色,似成熟栗壳色。也适用于普洱熟茶的叶底色泽。

四、黑茶、紧压茶香气

陈香:香气陈纯,无霉气。

菌花香、金花香:茯砖发花正常茂盛所发出的特殊香气。

青粗气:粗老叶的气息与青叶气息,为粗老晒青毛茶杀青不足所致。

毛火气:晒青毛茶中带有类似烘炒青绿茶的烘炒香。

酸气:普洱茶渥堆不足或水分过多、摊凉不好而出现的不正常气味。

五、黑茶、紧压茶滋味

陈韵:优质陈年普洱茶特有甘滑醇厚滋味的综合体现。

陈醇:滋味醇和带陈味,无霉味。

醇滑:茶汤入口醇而顺滑。

粗薄:味淡薄,喉味粗糙。常用于原料粗老的晒背毛茶滋味。

火味:带毛火气的晒青茶,在尝味时也有火气味。

闷馊味:多为普洱茶渥堆过程湿水重,堆温不起造成沤堆而产生的劣杂味。

仓味:普洱茶后熟陈化工序没有结束或储存不当而产生的杂味。

纯厚:经充分渥堆、陈化后,香气纯正,滋味甘而显果味,多为南路边茶之香味特征。

霉味:存放茶砖库房透气不足、潮湿,茶砖水分过高导致生霉所散发出的气味。

辛味:普洱茶原料多为夏暑雨水茶,因渥堆不足或无后热陈化而产生的辛辣味。

六、黑茶、紧压茶叶底

黄黑:黑中带黄。

红褐:褐中带红,为普洱熟茶渥堆成熟的叶底色泽。渥堆成熟度接近猪肝色。

项目八　感官审评常用名词与虚词

一、感官审评常用名词

芽头：未发育成茎叶的嫩尖，质地柔软。

茎：尚未木质化的嫩梢。

梗：着生芽叶的已显木质化的茎一般指当年青梗。

筋：脱去叶肉的叶柄、叶脉部分。同义词：毛衣。

碎：呈颗粒状细而短的断碎芽叶。

夹片：呈折叠状的扁片。

单张：单片叶子。

片：破碎的细小轻薄片。

末：细小呈砂粒状或粉末状。

朴：叶质稍粗老或揉捻不成条，呈折叠状的扁片。

渥红：鲜叶堆放中，叶温升高而红变。

丝瓜瓤：黑茶加工中常因鲜叶堆放过高、时间过长、堆温升高致鲜叶变色，经揉制，后发酵，叶肉与叶脉分离，只留下叶脉的网络，形成丝瓜瓤。

麻梗：隔年老梗，粗老梗，麻白色。

剥皮梗：在揉捻过程中，脱了皮的梗。

绿苔：新梢的绿色嫩梗。

上段：经摇样盘后，上层较轻、松、长大的茶叶。也称面装或面张。

中段：经摇样盘后，集中在中层较细紧、重实的茶叶，也称中档或腰档。

下段：经摇样盘后，沉积于底层细小的碎茶或粉末，也称下身或下盘。

中和性：香气不突出的茶叶适于拼和。

二、感官审评常用虚词

相当：两者相比，品质水平一致或基本相符。

接近：两者相比，品质水平差距甚小或某项因子略差。

稍高：两者相比，品质水平稍好或某项因子稍高。

稍低：两者相比，品质水平稍差或某项因子稍低。

较高：两者相比，品质水平较好或某项因子较高，其程度大于稍高。

较低：两者相比，品质水平较差或某项因子较差，其程度大于稍低。

高：两者相比，品质水平明显的好或某项因子明显的好。

低：两者相比，品质水平差距大、明显的差或某项因子明显的差。

强：两者相比，其品质总水平要好些。

弱：两者相比，其品质总水平要差些。

微：在某种程度上很轻微时用。

稍或略:某种程度不深时用。

较:两者相比,有一定差距,其程度大于稍或略。

欠:在规格上或某种程度上不够要求,且差距较大时用。用在褒义词前。

尚:某种程度有些不足,但基本接近时用。用在褒义词前。

有:表示某些方面存在。

显:表示某些方面比较突出。

模块二　六大基本茶类审评

我国生产的茶叶可分为绿茶、黄茶、黑茶、青茶(乌龙茶)、白茶和红茶六大基本茶类,各类茶均有各自的品质特征。主要是制法不同,使鲜叶中的主要化学成分特别是多酚类中的一些儿茶素发生不同程度的酶性或非酶性的氧化,其氧化产物的性质也不同。绿茶、黄茶和黑茶类在初制中,都先通过高温杀青,破坏鲜叶中的酶活力,制止了多酚类的酶促氧化,从而形成绿茶清汤绿叶的特征;黄茶和黑茶初制过程中,通过闷黄或渥堆工序使多酚类产生不同程度的非酶性氧化,黄茶形成黄汤黄叶,黑茶则干茶油黑、汤色呈橙黄。相反,红茶、青茶和白茶类,在初制过程中,都先通过萎凋,为促进多酚类的酶促氧化准备条件。红茶继而经过揉捻或揉切、发酵和干燥,形成红汤红叶。青茶又进行做青,使叶子边缘的细胞组织破坏,多酚类与酶接触发生氧化,再经炒青固定氧化和未氧化的物质,形成具有汤色金黄和绿叶红边的特征,白茶经长时间萎凋后干燥,多酚类缓慢地发生酶性氧化,形成白色芽毫多,汤嫩黄、毫香毫味显的特征。

本模块介绍各大茶类的审评方法和品质特征(图2-1)。

图2-1　评茶现场

项目一　绿茶审评

【项目要求】

了解绿茶的分类,掌握绿茶品质的感官审评指标,掌握绿茶的感官审评方法。

【项目理论及分析】

（一）绿茶的分类

（二）绿茶的加工

1. 绿茶加工工艺流程

鲜叶→ 摊凉 → 杀青 → 揉捻 → 干燥

2. 操作要点

（1）摊凉　摊凉是茶叶加工第一道工序，也是很重要的一道工序，对茶叶品质影响较大，应该高度重视。鲜叶摊放目的：散失水分；促进内含物转化；散失青臭气，逐渐形成清香气（图2-2）。

图2-2　手工制茶大赛茶青摊凉现场

（2）杀青　杀青是绿茶加工的关键和特征性工序，对绿茶品质起重要作用。杀青目的：破坏酶活性，抑制酶促反应，保持"三绿"的特征（包括干茶绿、汤色绿、叶底绿）；散失水分，有利后续加工；发展香气，散发青臭气。

（3）揉捻　揉捻是条形绿茶塑造条状外形的一道工序，并对提高成品茶滋味有重要作用。揉捻目的：适当破碎叶细胞，使茶汁溢出，有利于冲泡；紧结茶条，使外形美观，具有商品和观赏价值。

（4）干燥 目的是继续蒸发水分,紧结条索,便于储运,透发香气,增进色泽（图2-3）。干燥技术包括以下几点。

图2-3 贵州贵茶现代化绿茶生产线

①烘二青:如果用烘干机烘二青,机温控制在110~120℃。烘后的茶叶要摊放1h,使叶子回潮后再炒三青。二青叶的含水率以35%~45%为宜。

②炒三青:用锅式炒干机炒三青,每锅投叶量为7~10kg二青叶,锅温100~110℃为宜。一般炒三青需25~30min,待筒内水蒸气有沙沙响声,手捏茶条不断碎,有触手感,条索紧卷,色泽乌绿,即可起锅。

③足火:方法同烘二青,烘到含水量5%~6%,手捏成粉状,即干燥完成。

3. 典型造形绿茶加工

（1）卷曲形绿茶加工 以都匀毛尖茶为例。都匀毛尖的鲜叶要求清明前后开采鲜嫩、叶色深绿的鲜叶,标准为一芽一叶初展,长度不超过2.0cm,梗长不超过2mm,通常炒制500g高级毛尖茶需要5万~6万个芽头。需精心拣剔,剔除不符合要求的鱼叶,叶片及杂质等物。摊凉1~2h,表面水蒸发干即可炒制。

①工艺流程:

杀青 → 揉捻 → 做形（搓团提毫） → 干燥

②操作要点:

杀青:当锅温升到120~140℃时,投入摊凉好的茶青250~350g,双手翻炒,做到抖散、翻匀、杀透。

揉捻:锅温降至70℃左右,开始轻揉,茶坯成条后开始重揉,使茶条卷紧,茶汁适当揉出。

做形:达五成干时,降低锅温到50~60℃,转入搓团提毫工序。开始搓大团,然后搓小团,塑造卷曲、紧细的外形。到七成干时用"轻—重—轻"的手法进行提毫,到白毫显露,近八成干时,停止提毫。

干燥:降低锅温到 40～50℃,将茶坯薄摊在锅中,每隔 2～3min 轻翻一次,足干后出锅,摊凉后入库。

(2)扁形绿茶加工 以湄潭翠芽茶为例。湄潭翠芽的鲜叶要求:特级茶青:芽或一芽一叶初展,长 1.5～2.0cm;一级茶青:一芽一叶,长度 2.0～2.5cm;二级茶青:一芽一叶或一芽二叶初展,长度 2.5～3.0cm。不采雨水叶、露水叶、紫芽、病虫害芽叶,匀净度好。

①民间手工加工:

a. 工艺流程:

杀青 → 二炒 → 辉锅

b. 操作要点。

杀青:当锅温升到 120～140℃时,投入摊凉好的茶青 200～300g 投入锅中,可听见茶青在锅中有轻微的"啪啪"的炸响声。四指并拢一直不散开,开始可以用双手翻炒,用抖、带手法,少闷多抛,抛闷结合。做到"翻得快、抛得高、捞得净"。当锅温降到 70～80℃时,采用搭、带、抖、拉、拓手法,将茶坯拉直,搭平、拓紧,在杀青叶含水量 60% 左右时出锅摊凉 30～60min。

二炒:在 70℃ 左右的锅温投入杀青叶 150～200g,先用带、抖、拓的手法将茶坯理成直条,再改用拉、压、拓、推的手法将理至的茶条压扁,到七成干时出锅摊凉 30～60min。

辉锅:将二炒叶剔除片末,投入 70～80℃ 的锅中,投叶量为 250～300g。先用拉、压、拓、推的手法继续对茶坯进行压扁做形,当茶坯含水量降低到八成干时只用推、磨的手法,将茶坯辉到扁平光滑,含水量 5%～6% 时出锅,摊凉后入库。

②名茶多功能机加工:

a. 工艺流程:

杀青理条 → 整形炒干

b. 操作要点。

杀青理条:在杀青理条时,待手感锅温灼热时用制茶专用油涂抹锅面;将锅体往复运动频率调至(145～150)次/min。待锅温至达 350℃ 左右即可投叶(鲜叶下锅可听到噼啪声)。投叶量每槽 0.10～0.15kg,杀青时间 4～6min。杀青后接着加轻压棒续炒(理条)3～5min,待茶条成扁平状、茶叶含水率降至 50% 左右即可出锅(生产中也有不用加压棒的)。

整形炒干:锅温控制在 160℃,槽锅往复频率(110～120)次/min,理条叶两锅并一锅。炒 1min 左右加轻压棒,轻压炒 2～3min,待茶叶色泽基本固定后换成重压棒续炒;重压炒 3～4min,待茶条呈扁平、挺直、握之有触感时,重新换上轻压棒续炒 2～3min,至茶叶含水率 20% 左右出锅。茶叶出锅后,经分筛与摊凉,再入锅炒至含水率 5% 以下出锅(也有一次性炒干的)。

(3)颗粒形绿茶加工 以贵州绿宝石茶为例。绿宝石茶的鲜叶要求适制绿茶的中小叶品种,清明前后采摘,一芽二三叶。

①工艺流程:

杀青 → 揉捻 → 毛火 → 做形干燥

②操作要点:

杀青:杀青要杀匀、杀透。杀青前需在摊青槽上摊凉 30～60min。

揉捻:按照揉捻的原则和要求,用"轻—重—轻"的方法进行操作,要保持芽叶完整,细胞破坏率在 50% 以上。

毛火:揉捻叶含水量较高,下机后必须及时毛火滚炒,使含水量下降到 40% 左右。

做形干燥:做形用双锅曲毫机,锅温 40～45℃,炒至颗粒外表色绿起霜,手捏成末,含水量达 4%～6% 为止。

(三)绿茶的审评

1. 概念

名优绿茶是指有一定知名度,造型有特色,色泽鲜活,内质香味独特,品质优异的绿茶,一般采摘和加工较为精细,产量相对较小。目前市场上较常见的、具有一定代表性的传统名优绿茶有西湖龙井茶、洞庭碧螺春茶、黄山毛峰茶、都匀毛尖、湄潭翠芽等。

大宗绿茶(精制茶)是指普通的炒青、烘青、晒青、蒸青绿茶,大多以机械制造,产量较大,品质以中、低档为主。大宗绿茶根据鲜叶原料的嫩度不同,由嫩到老,划分级别,一般设置一级至六级 6 个级别,品质由高到低。

2. 审评因子

(1)名优绿茶审评因子　包括茶叶的外形、汤色、香气、滋味和叶底"五项因子"。

(2)大宗绿茶(精制茶)审评因子　包括茶叶外形的形态、色泽、匀整度和净度;内质的汤色、香气、滋味和叶底"八项因子"。

3. 审评要素

名优绿茶审评因子的审评要素应包括以下几项。

(1)外形审评　干茶的形状、嫩度、色泽、匀整度、净度等。

(2)汤色审评　茶汤的颜色种类与色度、明暗度、清浊度等。

(3)香气审评　香气的类型、浓度、纯异、持久性等。

(4)滋味审评　茶汤的浓淡、厚薄、醇涩、纯异和鲜钝等。

(5)叶底审评　叶底的嫩度、色泽、明暗度、匀整度等。

4. 典型绿茶的审评要点

(1)眉茶审评　眉茶形状顾名思义,条索应似眉毛的形状,这是决定其外形规格的主要因子。外形条索评比松紧、粗细、长短、轻重、空实、有无锋苗。以紧结圆直、完整重实,有锋苗的好;条索不圆浑,紧中带扁、短秃的次之;条索松扁、弯曲、轻飘的品质差。色泽比颜色、枯润、匀杂。眉茶以绿润起霜为好,色黄枯暗的差。整碎比面张、中段、下盘茶这三段茶的老嫩、条索的松紧、粗细、长短、拼配比例适当的为匀正或匀齐。珍眉绿茶忌下盘茶过多。净度看梗、筋、片、朴的含量,净度对外形、条索、色泽及内质叶底的嫩匀度、香气、滋味不同程度的影响。净度差的条松色黄,叶底花杂,老嫩不匀,香味欠纯。汤色比亮暗、清浊。以黄绿清澈明亮为好,深黄次之,橙红暗浊为差。香气比纯度、高低、长短。以香纯透清香或熟板栗香高长的好,而烟焦及其他异味为劣。滋味比浓淡、醇苦、爽涩。以浓醇鲜爽回味带甜的为上品,浓而不爽的为中品,淡薄、粗涩为下品,其他异杂味为劣品。叶底比嫩度和色泽。嫩度比芽头有无、多少,叶张柔硬、厚薄。以芽多叶柔软、厚实、嫩匀为好,反之则差。色泽比亮暗、匀杂。以嫩绿匀亮的好,色暗花杂的差。

(2)珠茶审评　珠茶外形看颗粒、匀整、色泽和净度。颗粒比圆紧度、轻重、空实。要求颗粒紧结、滚圆如珠,匀整重实,颗粒粗大或朴块状,空松的差。匀整指各段茶拼配匀称。色泽比润枯、匀杂。以墨绿光润为好,乌暗晦滞的差。内质比汤色、香气、滋味和叶底。汤色比颜色、深浅、亮暗。以黄绿明亮为好,深黄发暗沉淀物多,新茶近似陈茶的差。香味比纯度、浓度。以香高味醇和的为好,香低味淡为次,香味欠纯带烟气闷气熟味者为差。叶底评比嫩度和色泽。嫩度比芽头与叶张匀整,以有盘花芽叶或芽头嫩张比重大的好,大叶、老叶张、摊张比重大的差。叶底色泽评比与眉茶基本相同,但比眉茶色稍黄属正常。

(3)蒸青绿茶审评　目前我国蒸青绿茶有恩施玉露和普通蒸青两种。前者保留了我国传统蒸青绿茶制法,外形如松针,紧细、挺直、匀正,色泽绿润,香清持久,味醇爽口,属名茶规格。普通蒸青色泽品质要具备三绿,即干茶绿、汤色绿、叶底绿。高档茶条索紧、伸长挺直呈针状,匀称有锋苗,一般茶条紧结挺直带扁状,色泽鲜绿或黑绿有光泽。日本蒸青绿茶有玉露、煎茶和碾茶等。

蒸青绿茶外形评比色泽和形状,色泽比颜色、鲜暗、匀花。以浓翠调匀者好,黄暗、花杂者为差。形状比条形和松紧、匀整、轻重、芽尖的多少。条形要细长圆形。紧结重实、挺直、匀整,芽尖显露完整的好;条形折皱、弯曲、松扁的次之;外形断碎,下盘茶多的差。内质比汤色、香气和滋味。汤色比颜色、亮暗、清浊。高级茶浅金黄色泛绿,清澈明亮;中级茶浅黄绿色;色泽深黄、暗浊、泛红的品质不好。香气要鲜嫩又带有花香、果香、清香、芳香的为上品。有青草气、烟焦气的为差。滋味比浓淡、甘涩。浓厚、新鲜、甘涩调和口中有清鲜清凉的余味为好,涩、粗、熟闷味为差。叶底青绿色,忌黄褐及红梗红叶。

(4)其他绿茶的审评　我国绿茶花色品种繁多,品质各异,共同特点是鲜叶嫩度要求严,特级茶多为一芽一叶初展,多数要求采摘一芽一、二叶,故嫩度和净度好,做工精细,色香味形各具独特风格,审评时一律开汤干湿兼看,外形和内质并重,以保持应有的品质特色。除评比嫩度外还重视形状和色泽,评形状比规格特征、完整和匀齐等,形状要求符合规格,完整、匀齐的好。色泽比颜色的鲜暗、润枯及白毫隐显,茶色要符合该花色要求并要鲜润光泽好、调匀,对白毫的隐显要根据各花色特征来评定,如毛峰、毛尖、白毫茶、银锋、碧螺春、雨花茶、松针、甘露、峨蕊、绿牡丹、辉白、火青、茗眉、云雾等要白毫显露。翠芽,松萝条,龙井,旗枪,大方,猴魁,瓜片等白毫隐而不显。内质比汤色、香气、滋味、叶底和耐泡度。评汤色除颜色符合该花色要求外,注意鲜亮、清浊。香气比香型、高低、长短,香型符合要求,以高长的好,不能有青气、闷气、老火气,如有烟焦气即为劣变茶。滋味比纯度、浓淡、清鲜、甜爽、苦涩及回味的好坏。叶底比形态、老嫩、色泽和匀度。形态和嫩度要符合要求,多数以芽叶相连、完整成朵的好,芽叶分离或叶片断碎不成朵的不符合要求,除瓜片为单片叶,但叶张也要完整。叶底色泽要鲜亮,绿中显嫩色的好。

【项目步骤及实施】

(一)实训地点

茶叶审评实训室。

(二)课时安排

实训授课 20 学时,每 2 个学时审评 4 个茶样,每个茶样可重复审评一次,每两个课时 90min,其中教师讲解 30min,学生分组练习 50min,考核 10min。

(三)项目步骤

(1)实训开始。

（2）备具　样茶盘、评茶杯碗、叶底盘、茶匙、天平、定时钟、烧水壶等。

（3）备样　都匀毛尖、湄潭翠芽、凤冈锌硒茶、梵净山翠峰茶、安顺毛峰、贵州绿宝石茶、贵定云雾贡茶、石阡苔茶、银球茶、西湖龙井、碧螺春、信阳毛尖、黄山毛峰、太平猴魁、六安瓜片并编号。

（4）按照模块一中的项目三分别审评1至4号茶样/审评5至8号茶样/审评9至12号茶样/审评13至16号茶样/审评17至20号茶样。

（5）收样。

（6）收具。

（7）实训结束。

【项目预案】

（一）绿茶的品质特征

1. 炒青绿茶品质特征

炒青绿茶在干燥中，由于受到机械或手工力的作用不同，形成长条形、圆珠形、扁形、针形、螺形等不同的形状，故又分为长炒青、圆炒青、扁炒青等。

（1）长炒青品质特征　由于鲜叶采摘老嫩不同和初制技术的差异，毛茶分为六级十二等。长炒青品质一般要求外形条索细嫩紧结有锋苗，色泽绿润，内质香气高鲜，汤色绿明，滋味浓而爽口，富收敛性，叶底嫩绿明亮。长炒青精制后称眉茶，成品的花色有珍眉、贡熙、雨茶、茶芯、针眉、秀眉、绿茶末等，各具不同的品质特征。

（2）圆炒青品质特征　圆炒青外形是颗粒圆紧，因产地和采制方法不同，珠茶颗粒更细圆紧结，色泽灰绿起霜；香味较浓厚，但汤色叶底稍黄。

（3）扁炒青品质特征　形状扁平光滑，因产地和制法不同，分为龙井、旗枪、大方三种。

（4）卷曲形炒青特征　一般以色泽翠绿、外形匀整、白毫显露、条索卷曲、香气清嫩、滋味鲜浓、回味甘甜、汤色清澈、叶底明亮、芽头肥壮为佳。

2. 烘青绿茶品质特征

烘青毛茶经精制后大部分作窨制花茶的茶坯，香气一般不及炒青高。少数烘青名茶品质特优。

（1）烘青毛茶品质特征　外形条索紧直、完整，显锋毫，色泽深绿油润，内质香气清高，汤色清澈明亮，滋味鲜醇，叶底匀整嫩绿明亮。

（2）烘青（茶坯）的品质特征　烘青毛茶经精制后的成品茶外形条索紧结细直，有芽毫，平伏，匀称，色泽深绿油润。内质香味较醇厚，但汤色、叶底稍黄。

（3）烘青花茶品质特征　外形与原来所用的茶坯基本相同，内质主要是香味，特征因所用鲜花不同而有明显差异，如茉莉、白兰、玳玳、珠兰、柚子等。与茶坯比较，窨花后香气鲜灵，浓厚清高，纯正，滋味由鲜醇变为浓厚鲜爽，涩味减轻而苦味略增，干茶、茶汤、叶底都略黄。

（4）特种烘青品质特征　主要有黄山毛峰、太平猴魁、六安瓜片、遵义毛峰、天山绿茶、顾渚紫笋、江山绿牡丹、峨眉毛峰、覃塘毛尖、金水翠峰、峡州碧峰、南糯白毫等。

3. 晒青绿茶品质特征

由于在日光下晒干，所以品质不及炒青和烘青。晒青绿茶以云南大叶种的品质最好，称为"滇青",其他如川青、黔青、桂青、鄂青等品质都不及滇青。老青毛茶因原料粗老,堆积后变成黑茶,压制老青砖。

晒青绿茶大部分就地销售,部分再加工成压制茶后内销、边销或侨销。在再加工过程中,不堆积的如沱茶、饼茶等仍属绿茶。经过堆积的如紧茶、七子饼茶(圆茶)实质上与青砖茶相同,应属黑茶类。

(1)滇青毛茶 外形条索粗壮,有白毫,色泽深绿油润;内质香气高,汤色黄绿明亮,滋味浓醇,收敛性强,叶底肥厚。

(2)老青毛茶 外形条索粗大,色泽乌绿,嫩梢乌尖,白梗,红脚,不带麻梗。湿毛茶晒青属绿茶,堆积后变成黑茶。

(3)晒青茶压制茶品质特征 外形完整,松紧适度,洒面茶分布均匀,里茶不外露,无起层脱面,不龟裂,不残缺。内质按加工过程中是否堆积,分为晒青压制绿茶和晒青压制黑茶两种,前者汤色黄而不红,滋味浓而久醇,后者汤色黄红,滋味醇而不涩。

(4)沱茶品质特征 外形碗臼状,色泽暗绿,露白毫,内质香气清正,汤色澄黄,滋味浓厚甘和,叶底尚嫩匀。

(5)饼茶品质特征 有方饼、圆饼两种。外形端正,色泽灰黄,内质香气纯正,汤色黄明,滋味浓厚略涩,叶底尚嫩花杂。

4. 蒸青绿茶品质特征

蒸汽杀青是我国古代杀青方法,唐代时传至日本,相沿至今;而我国则自明代起即改为锅炒杀青。蒸青是利用蒸汽量来破坏鲜叶中酶活力,形成干茶色泽深绿,茶汤浅绿和叶底青绿的"三绿"品质特征,但香气较闷带青气,涩味也较重,不及锅炒杀青绿茶那样鲜爽。蒸青绿茶因鲜叶不同,可分为两种。

覆盖鲜叶茶树在春茶开采前15~20d搭阴棚,遮断日光直射,使茶芽在间接阳光的条件下生长,以降低多酚类化合物的生成,增加叶绿素和蛋白质的含量,保持茶芽嫩度,使色泽更为绿翠,如日本玉露茶、碾茶等。

(1)日本玉露茶 系日本名茶之一。外形条索细直紧圆稍扁,呈松针状,色泽深绿油润,内质香气具有一种特殊的有点像紫菜般的香气,日本称"蒙香",汤色浅绿清澈明亮,滋味鲜爽,甘涩调和,叶底青绿匀称明亮。

(2)碾茶 鲜叶经蒸汽杀青,不经揉捻,直接烘干而成。叶态完整松展呈片状,似我国的六安瓜片,色泽翠绿,内质香气鲜爽,汤色浅绿明亮,滋味鲜和,叶底绿翠。泡饮时要碾碎成末,供"茶道"用的称"抹茶"。

不覆盖鲜叶除日本生产的煎茶、玉绿茶、番茶等外,俄罗斯、印度、斯里兰卡等国也都有生产。色泽虽较绿翠,但香味都较覆盖鲜叶制成的差。

日本煎茶是日本蒸青绿茶的大宗茶,其外形虽似玉露茶,但条索和色泽不及玉露茶紧秀和深绿油润,内质香味欠鲜爽而较浓涩,嫩度也稍低。

由于对外贸易的需要,我国近年来也生产少量蒸青绿茶。

(1)恩施玉露 产于湖北恩施市。鲜叶采摘标准为一芽一、二叶,现采现制。外形条索紧细,匀齐挺直,形似松针,光滑油润呈鲜绿豆色,内质汤色浅绿明亮,香气清高鲜爽,滋味甜醇可口,叶底翠绿匀整。

（2）中国煎茶　产于浙江、福建和安徽三省。外形条索细紧,挺直,呈针状,色泽鲜绿或深绿油润有光,内质茶汤澄清,呈浅黄绿色,有清香,滋味醇和略涩,叶底青绿色。

（二）部分名优绿茶

部分名优绿茶如图2-4所示。

(1) 西湖龙井

(2) 信阳毛尖

(3) 碧螺春

(4) 黄山毛峰

(5) 太平猴魁

(6) 六安瓜片

图2-4　部分名优绿茶干茶

(7) 安吉白茶　　　　　　　　　　　　　　　(8) 都匀毛尖

(9) 湄潭翠芽　　　　　　　　　　　　　　　(10) 绿宝石

图 2-4　部分名优绿茶干茶

1. 西湖龙井

西湖龙井产于浙江省杭州西湖的狮峰、龙井、五云山一带,虎跑、梅家坞一带。以色翠、香郁、味醇、形美四绝著称。外形扁平光滑,色翠略黄似糙米色;内质汤色碧绿清莹,香气幽雅清高,滋味鲜美醇和,叶底细嫩成朵。

2. 信阳毛尖

信阳毛尖产于河南省信阳市。外形条索细直,色泽翠绿,白毫显露;内质汤色清绿明亮,香气鲜高,滋味鲜醇,叶底芽壮,嫩绿匀称。

3. 碧螺春

碧螺春产于江苏省太湖中的洞庭东西二山,以洞庭石公、建设和金庭等为主产区。碧螺春以芽嫩,工细著称。外形条索纤细,成螺,白毫满披,银绿隐翠,内质汤色清澈明亮,嫩香明显,滋味浓郁,鲜爽生津,回味绵长,叶底嫩绿显翠。

4. 黄山毛峰

黄山毛峰产于安徽省著名的黄山境内。外形叶肥壮匀齐,白毫显露,黄绿油润,内质汤色清澈明亮,清香高爽,味鲜浓醇和,叶底匀嫩成朵匀齐活润。

5. 太平猴魁

太平猴魁产于安徽省黄山市黄山区新明乡和龙门乡。外形色泽翠绿有光泽,白毫多而显露,内质汤色黄绿清澈明亮,香气纯正,滋味醇和稍淡。

6. 六安瓜片

六安瓜片产于长江以北,淮河以南的皖西大别山茶区,以安徽省六安,金寨,霍山三县所产最为著名。外形片状,叶微翘,形似瓜子,色泽杏绿润亮;内质汤色清绿泛黄,香气芬芳,滋味鲜浓,回味甘美,叶底黄绿明亮。

7. 安吉白茶

安吉白茶是由一种特殊的白叶茶品种中由白色的嫩叶按绿茶的制法加工制作而成的绿茶。安吉白茶叶张玉白,叶脉翠绿,叶片莹薄,外形条索紧细,外观色泽为绿色,冲泡后形似凤羽,滋味鲜爽,汤色鹅黄,清澈明亮,回味甘甜。

8. 都匀毛尖

都匀毛尖以"三绿透三黄"而著称,及"干茶绿中带黄,汤色绿中透黄,叶底绿中显黄"。其条索紧细卷曲,色泽绿润,白毫显露,香气清嫩,汤色清澈,滋味鲜爽,叶底嫩绿明亮。

9. 湄潭翠芽

湄潭翠芽原名湄江翠片,因产于湄江河畔而得名。创制于1943年,为贵州省的扁形名茶。外形扁平光滑,形似葵花籽,隐毫稀见,色泽翠绿,粟香显,滋味醇厚爽口,回味甘甜,汤色黄绿明亮,叶底嫩绿匀整。

10. 绿宝石茶

绿宝石茶外形颗粒状,绿润带毫,汤色绿亮,香气高纯,滋味醇爽带鲜,叶底绿亮显芽。

【项目评价】

绿茶审评项目评价考核评分如表2-1所示。

表2-1　　　　　　　　　　绿茶审评项目评价考核评分表

分项	内容	满分	自评分 (10%)	组内互评分 (10%)	组间互评分 (10%)	教师评分 (70%)	单项实际得分
1	茶样1号 名称_____	20					
2	茶样2号 名称_____	20					
3	茶样3号 名称_____	20					
4	茶样4号 名称_____	20					
5	综合表现	20					
	合计	100					

【项目作业】

（1）根据实训结果填写茶叶审评单。

（2）绿茶感官审评的指标包括哪些？

【项目拓展】

茶叶变质、变味、陈化的原因是什么？

项目二　白　茶　审　评

【项目要求】

了解白茶的分类，熟悉白茶的感官审评指标，掌握白毫银针、白牡丹、贡眉的品质特征。

【项目理论及分析】

（一）白茶的分类

白茶 ┬ 白芽茶（白毫银针等）
　　　├ 白叶茶（白牡丹、贡眉、寿眉等）
　　　└ 新工艺白茶（一般是经过轻度揉捻的白茶）

（二）白茶的加工

白毫银针的加工工艺：

鲜叶→ 萎凋 → 烘焙 → 筛拣 → 复火 → 装箱

白牡丹和贡眉的区别在于其原料采自不同的茶树品种，但均采摘一芽二叶，而采制工艺基本相同：

鲜叶→ 萎凋 → 烘焙 （或阴干）→ 拣剔 （或筛拣）→ 复火 → 装箱

由加工银针时采下嫩梢经"抽针"后，剩下的叶片加工成"寿眉"。

新白茶加工工艺：在 20 世纪 70 年代，采取新白茶加工工艺，其采制方法基本与传统白茶中的贡眉类同，区别在于萎凋适度后经堆积、轻揉、再行焙干。即：

鲜叶→ 萎凋 → 堆积 → 揉捻 → 烘焙

（三）白茶的审评

白茶花色有白毫银针、白牡丹、贡眉和寿眉。白茶审评方法和用具同绿茶。白茶审评重外形兼看内质。外形主要鉴别嫩度、净度和色泽。白毫银针要求毫心肥壮，具银白光泽。白牡丹要毫心与嫩叶相连，不断碎，灰绿透银白色，故又称银绿叶、绿面白底为佳。高级贡眉也应有微显的毫心，凡毫心少，叶片老嫩不匀，红变或暗褐色为次。香气要求白毫银针新鲜，毫香显浓。白牡丹、贡眉也要求鲜纯，有毫香为佳，凡带有青气者为低品。汤色要求白毫银针碧洁清亮，呈浅杏黄色，白牡丹、贡眉要橙黄清澈，深黄色者次，红色为劣品。滋味则白毫银针要清甜毫味、浓重，白牡丹、贡眉要鲜爽、有毫味，凡粗涩、淡薄者为低品。叶底以细嫩、柔软、匀整、鲜亮者为佳，暗杂或带红张者为低品（图 2－5）。

【项目步骤及实施】

（一）实训地点

茶叶审评实训室。

(1) 白毫银针的叶底　　　　　　　　　　　　　　(2) 白牡丹的叶底

图 2 – 5　白茶的审评

（二）课时安排

实训授课 2 学时，共计 90min，其中教师讲解 30min，学生分组练习 50min，考核 10min。

（三）项目步骤

（1）实训开始。

（2）备具　样茶盘、评茶杯碗、叶底盘、茶匙、天平、定时钟等。

（3）备样　白毫银针 2 种、白牡丹 2 种、贡眉、寿眉等。

（4）按照模块一中项目三的介绍分别审评茶样。

（5）收样。

（6）收具。

（7）实训结束。

【项目预案】

（一）白茶的品质特征

白茶要求鲜叶"三白"即嫩芽及两片嫩叶满披白毫。初制过程虽不揉不炒，但由于处在长时间的萎凋和阴干过程，儿茶素总量约减少 3/4，从而形成外形毫心肥壮，叶张肥嫩，叶态自然伸展，叶缘垂卷，芽叶连枝，毫心银白，叶色灰绿或铁青色，内质汤色黄亮明净，毫香显，滋味鲜醇，叶底嫩匀的特征。

白茶按茶树品种分为大白、水仙白和小白三种，又可按芽叶嫩度分为银针白毫，白牡丹、贡眉和寿眉。各具不同的品质特征。

1. 白茶品种

不同品种白茶茶尖如图 2 – 6 所示。

大白用政和大白茶树品种的鲜叶制成。毫心肥壮，白色芽毫显露。梗子叶脉微红，叶张软嫩，色泽翠绿，味鲜醇，毫香特显。

水仙白用水仙茶树品种的鲜叶制成。毫心长而肥壮，有白毫，叶张肥大而厚，叶柄宽有"沟"状特征，色灰绿带黄，毫香比小白重，滋味醇厚超过大白，叶底芽叶肥厚黄绿明亮。

小白用菜茶茶树品种的鲜叶制成。毫心较小，叶张细嫩软，有白毫，色灰绿，有毫香，味

(1) 福鼎大白茶品种　　　　　(2) 政和大白茶品种　　　　　(3) 水仙白品种

图 2 - 6　不同品种白茶茶尖

鲜醇,叶底软嫩灰绿明亮。

2. 白茶嫩度

(1)白毫银针　按产地不同分为北路银针和南路银针两种。

①北路银针:产于福鼎,外形优美,芽头肥壮,茸毛厚,富光泽,香气清淡,汤色碧清,浅杏黄色,滋味清鲜爽口。

②南路银针:产于政和,芽瘦长,茸毛略薄,光泽较差,但香气清芬,滋味浓厚适口,内质较佳。

(2)白牡丹外形自然舒张,二叶抱芯,色泽灰绿,毫香显。内质滋味鲜醇;汤色橙黄清澈明亮;叶底芽叶成朵,肥嫩匀整(图 2 - 7)。

(1) 白毫银针　　　　　　　　　　　　(2) 白毫银针

图 2 - 7　不同嫩度白茶

(3)贡眉用大白茶的嫩叶或菜茶种的瘦小芽叶(一芽二、三叶)制成。色香味都不及白牡丹。品质较差的称为寿眉,品质特征外形芽心较小,色泽灰绿稍黄,香气鲜纯,汤色黄亮,滋味清甜,叶底黄绿,叶脉带红。

【项目评价】

白茶审评项目评价考核评分如表 2 - 2 所示。

表 2－2　　　　　　　　　白茶审评项目评价考核评分表

分项	内容	满分	自评分（10%）	组内互评分（10%）	组间互评分（10%）	教师评分（70%）	单项实际得分
1	茶样 1 号 名称_____	20					
2	茶样 2 号 名称_____	20					
3	茶样 3 号 名称_____	20					
4	茶样 4 号 名称_____	20					
5	综合表现	20					
合计		100					

【项目作业】

根据实训结果填写茶叶审评单。

【项目拓展】

(1)白茶可分为哪几类?

(2)白茶的感官审评指标有哪些?

(3)新白茶与传统白茶有何区别?

项目三　黄茶审评

【项目要求】

了解黄茶的分类,掌握黄茶的感官审评指标,了解君山银针、北港毛尖、蒙顶黄芽、温州黄汤、莫干黄芽等的品质特征。

【项目理论及分析】

黄茶是我国特产,在杀青后破坏酶促氧化作用的前提下,渥堆使多酚类化合物在湿热作用下,进行非酶性的自动氧化,达到闷黄的结果。据测定简单儿茶素的含量及其降低百分率与绿茶有很大差异。由于黄茶"闷黄"过程,使酯型儿茶素大量减少,导致黄茶香气变纯,滋味变醇。黄茶有黄叶黄汤,香气清悦,味厚爽口的品质特征。但时代的发展,人们要求新鲜碧绿的茶叶,黄茶类面临失传和改制的困境,特别是黄芽茶、黄小茶类,如蒙顶黄芽、君山银针、北港毛尖、沩山毛尖、海马宫茶等。

(一)黄茶的分类

黄茶 ┬ 黄芽茶(君山银针、蒙顶黄芽等)
├ 黄小茶(北港毛尖、沩山毛尖、温州黄汤、海马宫茶等)
└ 黄大茶(霍山黄大茶、广东大青叶等)

（二）黄茶的加工

黄茶加工典型的工艺流程是：

杀青 → 闷黄 → 干燥

有些黄茶不需要揉捻，有些则需要揉捻，因茶而异。但所有黄茶都有一个闷黄的过程，闷黄工序有的在杀青之后，有的在揉捻之后，有的在初烘（或初炒）之后。闷黄是形成黄茶黄汤黄叶品质特征的关键工序。闷黄过程中，可促进茶叶中某些成分的变化与转化，减少苦涩味，增加甜醇味；消除粗青气，产生甜香味等。黄茶闷黄工艺的具体操作，有的是堆积半成品茶叶，有时还拍紧盖上棉套，有的用纸包紧茶叶，有的只闷一次，有的要闷两次，方法不一。

黄茶在加工工艺上也要经过"杀青"工序，通过高温杀青，彻底破坏酶的活力。

黄茶加工闷黄的原理：在闷黄过程中，通过湿热作用，促进闷堆叶内的化学变化，综合形成黄茶特有的色、香、味。其主要的化学变化有：茶多酚的非酶性氧化，保存较多的可溶性多酚类化合物，提高茶叶的香气和滋味；叶绿素在湿热作用下分解和转化成脱镁叶绿素，使绿色物质减少，黄色物质显露；糖和氨基酸的转化和挥发性醛类的增加，促进黄茶芳香物质的形成。闷黄工艺依茶叶品种和产地而变化，常分为湿坯闷黄（揉捻前或揉捻后闷黄）和干坯闷黄（初烘后或再烘时闷黄）两种。一般高级黄茶的闷黄作业不是简单的一次完成。

如君山银针、蒙顶黄芽不经揉捻，北港毛尖、鹿苑毛尖、霍山黄芽也只在杀青后期在锅内轻揉，没有独立的揉捻工序，而黄大茶和大叶青因芽叶较大，需要通过揉捻塑造条索，以达到外形规格的要求。根据大叶种鲜叶原料的特点，广东大叶青在杀青之前进行适度的轻萎凋，使多酚类化合物轻度氧化以减轻茶汤涩味，有利于形成大叶青"香气纯正、滋味浓醇回甜"的品质风味。

（三）黄茶的审评

黄茶审评方法同绿茶。

1. 形状

黄茶因品种和加工技术不同，形状有明显差别。君山银针：以形似针、芽头肥壮、满披毛的为好，芽瘦扁、毫少为差；蒙顶黄芽：以条扁直、芽壮多毫为上，条弯曲、芽瘦少为差；鹿苑毛茶：以条索紧结卷曲呈环形、显毫为佳，条松直、不显毫的为差。黄大茶：以叶肥厚成条、梗长壮、梗叶相连为好，叶片状、梗细短、梗叶分离或梗断叶破为差。

2. 色泽

比黄色的枯润、暗鲜等，以金黄色鲜润为优，色枯暗为差。

3. 净度

比梗、片、末及非茶类夹杂物含量。

4. 汤色

以黄汤明亮为优，黄暗或黄浊为次。

5. 香气

以清悦为优，有闷浊气为差。

6. 滋味

以醇和鲜爽、回甘、收敛性弱为好;苦、涩、淡、闷为次。

7. 叶底

以芽叶肥壮、匀整、黄色鲜亮的为好,芽叶瘦薄黄暗的为次。

【项目步骤及实施】

（一）实训地点

茶叶审评实训室。

（二）课时安排

实训授课 2 学时,共计 90min,其中教师讲解 30min,学生分组练习 50min,考核 10min。

（三）项目步骤

（1）实训开始。

（2）备具　样茶盘、评茶杯碗、叶底盘、茶匙、天平、定时钟等。

（3）备样　君山银针、北港毛尖、蒙顶黄芽、温州黄汤、莫干黄芽、海马宫茶等中的四个。

（4）按照模块一中项目三的介绍分别审评茶样。

（5）收样。

（6）收具。

（7）实训结束。

【项目预案】

（一）黄芽茶

黄芽茶部分名优茶如图 2-8 所示。

(1) 君山银针　　　　　　　　　　　　　　(2) 蒙顶黄芽

图 2-8　黄芽茶

1. 君山银针

君山银针产于湖南岳阳市君山。君山银针全由未展开的肥嫩芽头制成。制法特点是在初烘、复烘前后进行摊凉和初包、复包,形成变黄特征。君山银针外形芽头肥壮挺直,匀齐,满披茸毛,色泽金黄光亮,称"金镶玉"。内质香气清鲜,汤色浅黄,滋味甜爽,冲泡后芽尖冲向水面,悬空竖立,继而徐徐下沉杯底,状如群笋出土,又似金枪直立,汤色茶影,交相辉映,极为美观。

2. 蒙顶黄芽

蒙顶黄芽产于四川名山县。鲜叶采摘标准为一芽一叶初展,每500g鲜叶有8000~10000个芽头。初制分为杀青、初包、复锅、复包、三炒、四炒、烘焙等过程。外形芽叶整齐,形状扁直,肥嫩多毫,色泽金黄,内质香气清纯,汤色黄亮,滋味甘醇,叶底嫩匀,黄绿明亮。

3. 莫干黄芽

莫干黄芽产于浙江德清县莫干山。鲜叶采摘标准为一芽一叶初展,每500g干茶约含40000多个芽头。初制分为摊放、杀青、轻揉、闷黄、初烘、锅炒、复烘7道工序。外形紧细匀齐,茸毛显露,色泽黄绿油润,内质香气嫩香持久,汤色澄黄明亮,滋味醇爽可口,叶底幼嫩似莲心。

(二)黄小茶

黄小茶的鲜叶采摘标准为一芽一、二叶,主要有湖南的沩山毛尖和北港毛尖、湖北的远安鹿苑茶、浙江的平阳黄汤、皖西的黄小茶等。

1. 沩山毛尖

沩山毛尖产于湖南宁乡县沩山。外形叶边微卷成条块状,金毫显露,色泽嫩黄油润,内质香气有浓厚的松烟香,汤色杏黄明亮,滋味甜醇爽口,叶底芽叶肥厚。为甘肃、新疆等消费省所喜爱,形成沩山毛尖黄亮色泽和松烟味品质特征的主要关键是在于杀青后采用了"闷黄"和烘焙时采用了"烟熏"两道工序。

2. 北港毛尖

北港毛尖产于湖南岳阳市北港,初制分为杀青、锅揉、闷黄、复炒、复揉、烘干6道工序。外形条索紧结重实卷曲,白毫显露,色泽金黄,内质香气清高,汤色杏黄明澈,滋味醇厚,耐冲泡,冲三四次后尚有余味。

3. 远安鹿苑茶

远安鹿苑茶产于湖北远安县鹿苑寺一带。初制分杀青、炒二青、闷堆和炒干四道工序。"闷堆"工序是形成干茶色泽金黄、汤色杏黄、叶底嫩黄的"三黄"品质特征的关键。其外形条索紧结卷曲呈环状,略带鱼子泡,锋毫显露,内质香高持久,有熟栗子香,汤色黄亮,滋味鲜醇回甘,叶底肥嫩匀齐明亮。

4. 平阳黄汤

平阳黄汤产于浙江泰顺县及苍南县。解放前,泰顺县生产的黄汤,主要由平阳茶商收购经销,因而称平阳黄汤。初制分杀青、揉捻、闷堆、干燥四道工序。外形条索紧结匀整,锋毫显露,色泽绿中带黄油润,内质香高持久,汤色浅黄明亮,滋味甘醇,叶底匀整黄明亮。

5. 海马宫茶

海马宫茶产于贵州省大方县的老鹰岩脚下的海马宫乡。海马宫茶采于当地小群体品种,具有茸毛多,持嫩性强的特性。谷雨前后开采。采摘标准;一级茶为一芽一叶初展;二级茶为一芽二叶,三级茶为一芽三叶。海马宫茶属黄茶类名茶。具有条索紧结卷曲,茸毛显露,青高味醇,回味甘甜,汤色黄绿明亮,叶底嫩黄匀整明亮的特点。

(三)黄大茶

黄大茶的鲜叶采摘标准为一芽三、四叶或一芽四、五叶。产量较多,主要有安徽霍山黄大茶和广东大叶青。

1. 霍山黄大茶

霍山黄大茶鲜叶为一芽四、五叶。初制为杀青与揉捻、初烘、堆积、烘焙等过程。堆积时间较长(5~7d),烘焙火功较足,下烘后趁热踩篓包装,是形成霍山黄大茶品质特征的主要工序。

外形叶大梗长,梗叶相连,色泽金黄鲜润。内质香气有突出的高爽焦香,似锅巴香,汤色深黄明亮,滋味浓厚,耐冲泡,叶底黄亮。为山东沂蒙山区的消费者所喜爱。

2. 广东大叶青

广东大叶青以大叶种茶树的鲜叶为原料,采摘标准一芽三、四叶。初制时经过堆积,形成了黄茶品质特征,以侨销为主。

外形条索肥壮卷壮,身骨重实,老嫩均匀,显毫,色泽青润带黄,或青褐色。内质香气纯正,汤色深黄明亮,滋味浓醇回甘,叶底浅黄色,芽叶完整。

【项目评价】

黄茶审评项目评价考核评分如表2-3所示。

表2-3　　　　　　　　　　黄茶审评项目评价考核评分表

分项	内容	满分	自评分 (10%)	组内互评分 (10%)	组间互评分 (10%)	教师评分 (70%)	单项实际得分
1	茶样1号 名称_____	20					
2	茶样2号 名称_____	20					
3	茶样3号 名称_____	20					
4	茶样4号 名称_____	20					
5	综合表现	20					
	合计	100					

【项目作业】

根据实训结果填写茶叶审评单。

【项目拓展】

(1)黄茶可分为哪几类?

(2)黄茶的感官审评指标包括哪些?

项目四　乌龙茶审评

【项目要求】

　　了解乌龙茶的分类,掌握乌龙茶品质的感官审评方法。了解安溪铁观音、武夷岩茶、凤凰单丛、冻顶乌龙的品质特征。

【项目理论及分析】

(一)乌龙茶的分类

乌龙茶(青茶)
- 闽北乌龙(武夷岩茶、闽北水仙、大红袍等)
- 闽南乌龙(安溪铁观音、黄金桂、毛蟹、本山等)
- 广东乌龙(凤凰单丛等)
- 台湾乌龙(冻顶乌龙、东方美人等)

(二)乌龙茶的加工

1. 工艺流程

鲜叶→ 萎凋 (晒青)→ 做青 (摇青⇌凉青)→ 杀青 → 揉捻 → 干燥

2. 操作要点

　　(1)鲜叶要求　适制青茶的品种,鲜叶有一定的成熟度。形成开面叶,及嫩梢全部伸展将要成熟,形成驻芽的时候,采下一芽三、四叶(图2-9)。

　　(2)萎凋　萎凋是乌龙茶加工的第一道工序,萎凋质量好坏会影响下一工序的操作和成茶的质量。乌龙茶萎凋与红茶稍异,水分的丧失比红茶要轻,减重率为8% ~ 15%,青茶的萎凋过程中,叶和嫩梗中水分不均匀,叶片失水多,嫩梗失水少。晒青结束时叶子呈萎凋状态。晾青时,由于热量散失,梗脉中的水分向叶片渗透,使叶子恢复苏胀状态,为做青创造条件。鲜叶在阳光的照射作用下,使叶温迅速提高,水分蒸发,酶的活力逐渐加强,促进了化学成分的转化和对叶绿素的破坏,同时对香气的形成与青气的挥发也起着很好的作用。

图2-9　茶开面叶

　　萎凋对于乌龙茶香气和滋味的形成具有重要的作用。采用日光萎凋时,不能在直射强烈阳光下进行,否则容易烫伤叶片;采用萎凋加温萎凋,温度要控制适当,不能过高,否则对品质不利。不同品种,老嫩度和含水量的鲜叶要分别进行萎凋做到看清晒青,灵活掌握。萎凋程度的掌握,宜轻勿重。萎凋过轻,成茶青条多,味苦涩,品质不好。萎凋过度,鲜叶失水过多,叶子紧贴筛面,部分幼芽叶泛红起皱,成茶的色香味较差。鲜叶在萎凋和晾青过程中,翻拌动作要轻,以防机械损伤叶面而中断水分渗透的通道。

　　(3)做青　做青过程中,水分蒸发非常缓慢,失水也较少,摇青进随着水分的蒸发,推动梗脉中的水分和水溶性物质,通过输导组织向叶面渗透、转移,水分从叶面蒸发,而水溶性物质在叶片内积累起来,这是摇青时水分变化的特点,俗称"走水",这也是以水分的变化控制物质的变化,促进香气、滋味的形成和发展过程。掌握和控制好摇青过程中的水分变化,是乌龙茶加工控制的一个关键点。

做青的技术关键主要掌握好如下几个方面。

①乌龙茶摇青必须具备一定的条件,主要是温度的控制。

闽南和广东乌龙茶摇青一般都在夜间进行。

闽北茶区摇青即在特设的摇青室内时行。摇青室内要防止阳光直射和保持空气相对静止,温度控制在一定的范围内。如温度过低,就容易造成做青不足的自然干燥现象,使叶底发暗而不能达到青茶的红边要求,因此,生产实际中若温度低于20℃时就要采取加温措施,相对湿度低于80%时就要洒水增湿。若温湿度过高,多酚类化合物氧化太快而水分无法去尽,芳香物质不能随水分扩散而挥发,青臭气尚留,碳水化合物亦不能转达化到理想的程度,叶绿素破坏程度不够,各种化学成分不能协调的变化,给成品茶带来叶增多,叶底暗绿,香气不高而带有青味,汤色红而浊,滋味若涩等不良影响。

②摇青时动作要轻,防止叶脉折断,阻止水分及干物质的运输,而使折断处多酚化物先期氧化形成不规则的红变而影响品质。

③摇青次数、转速和程度要根据季节气候不同灵活掌握。

一般原料嫩的少摇,原料老的多摇。含水量高的水仙品种多摇,含水量低的乌龙品种少摇。摇青不足,汤味涩口,苦而不甘。摇青过度,香气低沉,叶底死红不活,外形色枯。

(4)杀青 杀青也称炒青其目的是促使叶子在摇青过程中所引起的变化,不再因酶的作用而继续进行。乌龙茶杀青过程中失水量比绿茶杀青失水量要少得多,只有15%~20%。

因青茶原料偏老,纤维素含量较多,叶质较硬,韧性较强,给加工带来困难,因此,乌龙茶的杀青方法与绿茶也有所不同,采取高温、快速、多闷、少扬的方法来达到杀青的目的,在杀青的过程中,在水热的作用下,内含物发生一系列复杂的变化,如叶绿素的进一步破坏,叶子的青叶醛,青叶醇及正己醇等低沸点青臭气大量挥发,高沸点的芳香物质逐渐显现等(图2-10)。

(1) 乌龙茶手工杀青　　　　　　　　　　(2) 乌龙茶手工包揉

图2-10　乌龙茶手工杀青和包揉

杀青适度的叶子悦鼻而具有类似成熟水果的香味。如果杀青温度低,杀青不足,叶内水分不易蒸发,青气不能得到挥发,制成的茶叶外形不乌润,内质茶汤暗浊,味苦涩,青气重,香气不高。火温过高也不利,如温度过高会产生焦味。一般以青叶入锅,发出连续不断的"啪啪"响声为标准,一般在300~350℃。

(5)揉捻　揉捻是形成青茶外形卷曲折皱的重要工序,由于原料比红、绿茶稍老,揉捻叶含水量较少,因此,必须采取热揉、少量重压、短时、快速的方法进行。否则,杀青叶冷却反变硬发脆,揉不成条,投叶多,时间长当产生水闷气。

(6)干燥　叶子经过揉捻后,茶汁外溢,物质转化还在继续。通过干燥散失水分,发展香气,并将各种水溶性物质相对稳定下来,以形成青茶特有的香气和滋味,易于储藏,不再产生新的变化。乌龙茶的干燥在热力的作用下,茶叶中一些不溶性物质发生热裂作用和异构作用,对增进滋味醇和,香气纯正有很好的效果(图2-11)。

(1) 乌龙茶烘笼　　　　　　　　　　　　(2) 乌龙茶烘干

图2-11　乌龙茶干燥

乌龙茶的干燥一般采用烘焙的方式进行。其作用是蒸发水分,固定品质,紧结条形,发展香气。如岩茶毛火时,采用高温快速烘焙法,使茶叶通过高温转化成一种焦脆香味,足火后的茶叶还要进行文火慢敦的吃火过程,对于增进汤色,提高滋味醇度和辅助茶香熟化等都有很好的效果。

茶叶起烘后,趁热堆放或装箱处理,对于茶叶内含物质起一定的催化作用,使多酚类化合物与氨基酸和糖相互作用,增进滋味,提高成茶品质都是有用的。

根据产地不同,各大乌龙茶类的加工工艺流程有所区别。

①闽北乌龙(以武夷岩茶为代表):

鲜叶→ 晒青 → 晾青 → 摇青 → 炒青 → 揉捻 → 毛火 → 摊放 → 簸拣 → 足火

②闽南乌龙(以安溪铁观音为代表):

鲜叶→ 晒青 → 晾青 → 做青 → 炒青 → 初揉 → 初烘 → 包揉 → 复烘 → 复包揉 → 足火

③广东乌龙(以凤凰单丛为代表):

鲜叶→ 晒青 → 晾青 → 做青 → 炒青 → 揉捻 → 毛火 → 足火

④台湾乌龙（以冻顶乌龙为代表）：

鲜叶→ 日光萎调 → 做青 → 炒青 → 揉捻 → 毛火 → 足火

（三）乌龙茶审评

乌龙茶总体品质特点是色泽青褐、汤色橙黄、滋味醇厚（或滋味鲜爽）、香气馥郁（或高香浓郁），冲泡后叶底呈"绿叶红镶边"，属半发酵茶类。其中属轻度发酵的乌龙茶如冻顶乌龙，属中度发酵的乌龙茶如安溪铁观音，属重发酵的乌龙茶如白毫乌龙茶、大红袍、武夷岩茶等（图2-12）。

(1) 乌龙茶开汤   (2) 乌龙茶叶底

图2-12　乌龙茶审评

1. 乌龙茶的外形审评

主要是评其形状、色泽、嫩度与品种特征。

闽南乌龙茶的主产地是安溪县，外形主要特征是颗粒状；广东乌龙茶主产地是潮州市，如凤凰单丛，外形特征为条索状；我国台湾地区最著名的冻顶乌龙茶，产地在南投县，其外形特征是半球形颗粒状。

2. 内质审评

目前乌龙茶审评的方法有两种，即传统法和通用法。在福建多采用传统法，而台湾、广东和其他地区几乎都使用通用法。

（1）传统法　采用倒钟形的乌龙茶专用杯碗，容量为110mL。准确称取5g茶样，按1:22的比例冲入沸水，并立即用杯盖刮去液面泡沫，加盖。1min后，揭盖嗅其盖香，评其香气，至2min将茶汤沥入评茶碗中，用于评汤色和滋味，并嗅叶底香气。接着第二次注满沸水，加盖，2min后，揭盖嗅其盖香，评茶叶香气，至3min将茶汤沥入评茶碗中，再评汤色和滋味，并嗅叶底的香气。接着第三次再注满沸水，加盖，3min后，揭盖嗅其盖香，评茶叶香气，至5min时将茶汤沥入评茶碗中，再用于评汤色和滋味，比较其耐泡程度，然后审评叶底香气。最后将杯中叶底倒入叶底盘中，审评叶底。

（2）通用法　使用150mL的审评杯和250mL审评碗，冲泡用茶量为3g，茶与水之比为1:50。将称取的3g茶叶倒入审评杯内，再冲入沸水至杯满，浸泡5min（颗粒型的乌龙茶浸泡6min）后，沥出茶汤，按香气（热嗅）、汤色、香气（温嗅）、滋味、香气（冷嗅）、叶底的顺序逐项审评。

这两种审评方法,只要技术熟练,了解青茶品质特点,都能正确评出茶叶品质的优劣。其中通用法操作方便,审评条件一致,较有利于正确快速得出审评结果。

不同类型乌龙茶的品质审评要点有所不同。条索状乌龙茶外形粗松,一般不讲究外形的细紧程度,审评要点在内质,特别是香气的高低和持久,所谓"七泡有余香"是优质乌龙茶的特征。武夷岩茶讲究"岩韵",但这种岩韵,有经验的评茶师才能判别,初学者要慢慢入门,半颗粒形与颗粒形乌龙茶,多数属轻度和中度发酵的乌龙茶,既要讲究外形的紧结程度、色泽青褐鲜活程度,同时更讲究香气的清高、花香的明显程度。优质茶应香气高长,花香突出。重发酵的乌龙茶如我国台湾地区的白毫乌龙被称"东方美人",外形要求白毫显露,条索细嫩开汤品尝有蜜糖香味。

【项目步骤及实施】

(一)实训地点

茶叶审评实训室。

(二)课时安排

实训授课 6 学时,每 2 个学时审评 4 个茶样,每个茶样可重复审评一次,每两个课时 90min,其中教师讲解 30min,学生分组练习 50min,考核 10min。

(三)项目步骤

(1)实训开始。

(2)备具 样茶盘、评茶杯碗、叶底盘、茶匙、天平、定时钟等。

(3)备样 武夷岩茶、大红袍、武夷水仙、铁观音、毛蟹、本山、黄金桂、凤凰单丛、冻顶乌龙、东方美人等。

(4)按照模块一中项目三的介绍分别审评茶样。

(5)收样。

(6)收具。

(7)实训结束。

【项目预案】

乌龙茶(青茶)产于福建、广东和台湾三省。福建乌龙茶又分闽北和闽南两大产区。闽北主要是崇安、建瓯、建阳等县,产品以崇安武夷岩茶为极品,闽南乌龙主要是安溪、永春、南安、同安等县,产品以安溪铁观音久负盛名。广东主要产于汕头地区的潮安、饶平等县,产品以凤凰单丛和饶平水仙品质为佳,台湾乌龙主要产于新竹、桃园、苗栗、南投等县,产品有乌龙和包种。部分名优乌龙茶见图 2 - 13。

(一)闽北乌龙

闽北乌龙做青时发酵程度较重,揉捻时无包揉工序,因而条索壮结弯曲,干茶色泽较乌润,香气为熟香型,汤色橙黄明亮,叶底三红七绿,红镶边明显。

闽北乌龙茶根据产地不同可分为闽北水仙、闽北乌龙、武夷水仙、武夷肉桂、武夷奇种等;根据品种不同可分为乌龙、梅占、观音、雪梨、奇兰、佛手等,普通名枞有金柳条、金锁匙、千里香、不知春等,名岩名枞有大红袍、白鸡冠、水金龟、铁罗汉、半天夭等。其中武夷岩茶如武夷水仙、武夷肉桂等香味具特殊的"岩韵",汤色橙红艳丽,滋味醇厚回甘,叶底肥软、绿叶红镶边,堪称闽北乌龙茶之极品。下面列举几种闽北乌龙茶的品质特征。

(1) 武夷大红袍   (2) 广东凤凰单枞

(3) 安溪铁观音   (4) 台湾冻顶乌龙

图 2-13　名优乌龙茶举例

1. 武夷水仙

茶树品种属半乔木型,叶片比普通小叶种大一倍以上,因产地不同,虽同一品种制成的青茶,如武夷水仙、闽北水仙和闽南水仙,品质差异甚大,以武夷水仙品质最佳。品质特征是条索肥壮紧结匀整,叶端折皱扭曲,如蜻蜓头,色泽青翠黄绿,油润有光,具"三节色"特征,内质香气浓郁清长,"岩韵"显,汤色金黄,深而鲜艳,滋味浓厚而醇,具有爽口回甘的特征,叶底肥嫩明净,绿叶红边。

2. 武夷奇种

外形条索紧结匀净,叶端折皱扭曲,色泽乌润砂绿,具"三节色"特征,内质香气清匀细长,"岩韵"显,汤色清澈明亮,滋味醇厚,浓而不涩,醇而不淡,回味清甘,叶底软亮匀整。

3. 闽北水仙

外形条索紧结沉重,叶端扭曲,色泽油润,间带砂绿蜜黄(鳝皮色),内质香气浓郁,具有兰花清香,汤色清澈显橙红色,滋味醇厚鲜爽回甘,叶底肥软黄亮,红边鲜艳。

4. 闽北乌龙

外形条索紧细重实,叶端扭曲,色泽乌润,内质香气清高细长,汤色清澈呈金黄色,滋味醇厚带鲜爽,叶底柔软,肥厚匀整,绿叶红边。

5. 政和白毛猴

条索肥壮卷曲,满披白毫,色灰绿而夹有黑条,形状不大整齐,香气高而持久,汤色清碧,主要特征是滋味清快甜和,叶底明亮,老嫩参半。

6. 福鼎白毛猴

芽叶肥壮,条索短而整齐,大部分是白毫嫩芽,色泽灰白浅绿,形状美观,茶汤浅杏绿色,明净晶亮,滋味清淡甜和,毫味很重,微有清香,叶底明亮。

(二)闽南乌龙

闽南乌龙茶做青时发酵程度较轻,揉捻较重,干燥过程中有包揉工序。

闽南乌龙茶一般品质特征为外形颗粒紧结重实,呈青蒂绿腹蜻蜓头,色泽油润,稍带砂绿,香气浓郁清长,汤色橙黄清亮,滋味醇厚回甘,叶底柔软具红边。

闽南青茶按茶树品种分为铁观音、乌龙、色种。色种不是单一的品种,而是由除铁观音和乌龙外的其他品种青茶拼配而成的,这些品种包括本山、水仙、奇兰、梅占、香橼、黄棪等。

1. 安溪铁观音

铁观音既是茶名,又是茶树品种名,因身骨沉重如铁,形美似观音而得名。安溪铁观音是闽南青茶中的极佳品。品质特征是外形条索圆结匀净,多呈螺旋形,身骨重实,色泽砂绿翠润,青腹绿蒂;内质香气清高馥郁,具天然的兰花香,汤色清澈金黄,滋味醇厚甜鲜,入口微苦,立即转甘,"音韵"明显。耐冲泡,七泡尚有余香,叶底开展,肥厚软亮,匀整,边缘下垂,青翠红边显。

2. 安溪乌龙

外形条索壮实,尚匀净,色泽乌润,香气高而隽永,汤色黄明,滋味浓醇,叶底软亮匀整。目前生产甚少。

3. 安溪色种

外形条索壮结匀净,色泽翠绿油润,内质香气清高细锐,汤色金黄,滋味醇厚甘鲜,叶底软亮匀整红边显。

4. 本山

外形条索稍肥壮、紧结、色泽砂绿润,内质汤色清澈浅黄绿明亮,香气高长,带兰花香或桂花香,滋味醇厚带鲜,叶底叶张略小,叶尾稍尖,主脉略细,稍浮白。

5. 水仙

条索壮结卷曲较闽北水仙略小,色油润,间带砂绿;内质香气清高细长,汤色橙黄清澈明亮,滋味浓厚鲜爽,可泡五六次,叶底厚软黄亮,红边显。

6. 奇兰

条索较铁观音略粗,色泽和叶底接近铁观音,叶型稍长而薄,香味不及铁观音。

7. 梅占

外形肥壮、圆结、砂绿,内质汤色橙黄,香气粗淡,滋味浓厚尚醇,一般不及奇兰。

8. 香橼

叶张近圆而大,条索壮结重实,色泽砂绿油润,内质香气高锐,类似雪梨香,汤色清澈金黄,滋味甘醇耐冲泡,可泡四五次,叶底肥厚完整,红点显。

9. 黄棪

黄棪又名黄金桂。外形条索紧结匀整,色泽绿中带黄,内质香气清高优雅,有天然的花香,汤色浅金黄明亮,滋味醇和回甘,叶底黄嫩明亮,红点显。

(三)广东乌龙

广东乌龙盛产于汕头地区的潮安、饶平等县。花色品种主要有水仙、浪菜、单丛、乌龙、色种等。

潮安青茶因主要产区为凤凰乡,一般以水仙品种结合地名而称为"凤凰水仙"。"凤凰单丛"是从凤凰水仙的茶树品种植株中选育出来的优异单株,浪菜采摘多为白叶水仙种,叶色浅绿或呈黄绿色,水仙茶采摘多为乌叶水仙种(叶色呈深绿色)。单丛、浪菜采制精细,水仙稍为粗放。近年来饶平县岭头村从凤凰乡引入的凤凰水仙中,培育出了品质优异的"单丛"。

1. 凤凰单丛

外形条索肥壮紧结重实,色带褐似鳝皮色,油润有光,内质香气馥郁,有天然的花香,汤色橙黄清澈明亮,滋味浓醇鲜爽回甘,耐冲泡,叶底肥厚柔软,绿腹红边。

2. 凤凰水仙

外形条索肥壮匀整,色泽灰褐乌润;内质香气清香芬芳,汤色清红,滋味浓厚回甘,叶底厚实红边绿心。

(四)台湾乌龙

台湾乌龙分为乌龙和包种。品质以乌龙较好,包种发酵程度较轻。品质接近绿茶。

1. 台湾乌龙

形状卷皱,含有芽叶,色泽青褐,有天然的强烈果香,汤色橙红,滋味醇和,品质因生产季节不同而有较大差异。春茶形状粗松,芽叶较少,茶汤浅薄,香气低,品质较差。夏茶外形美观,芽叶较多,白毫也多,内质汤色鲜艳,香气馥郁,滋味醇厚,品质最好。秋茶滋味浓强,香气不及夏茶。冬茶外形美观,但茶汤淡薄,香气低,品质接近春茶。

2. 台湾包种

外形粗大,无白毫,色泽浅绿,内质汤色金黄,滋味醇和,香气较低,窨花后香气依所用香花而定。

3. 东方美人茶

东方美人茶是台湾独有的名茶,茶叶外观颇显美感,叶身呈白绿黄红褐五色相间,鲜艳可爱。它是半发酵茶叶中发酵度较重的,茶汤水色呈较深的琥珀色,尝起来浓厚甘醇,并带有熟果香和蜂蜜芬芳,风味独特。

4. 台湾乌龙茶(冻顶乌龙)

冻顶乌龙产于台湾省南投县凤凰山支脉冻顶山一带。其品质特征是半球形,色泽碧绿或墨绿,略带白毫;汤色蜜黄或蜜绿明亮,有兰花香,清纯,滋味甘甜爽口,叶底翠绿细软,或略带红镶边。常用"风韵"赞之。

【项目评价】

乌龙茶审评项目评价考核评分如表2-4所示。

表2-4　　　　　　　　　乌龙茶审评项目评价考核评分表

分项	内容	满分	自评分 (10%)	组内互评分 (10%)	组间互评分 (10%)	教师评分 (70%)	单项实际 得分
1	茶样1号 名称_____	20					
2	茶样2号 名称_____	20					
3	茶样3号 名称_____	20					
4	茶样4号 名称_____	20					
5	综合表现	20					
合计		100					

【项目作业】

根据实训结果填写茶叶审评单。

【项目拓展】

(1)乌龙茶可分为哪几类?

(2)简述安溪铁观音的品质特征。

项目五　红茶审评

【项目要求】

了解红茶的分类,熟悉红茶的感官审评指标,掌握各种红茶的感官审评方法。

【项目理论及分析】

(一)红茶的分类

红茶━┳━ 工夫红茶(祁门红茶、滇红、黔红、遵义红等)
　　　┣━ 小种红茶(正山小种、人工小种等)
　　　┗━ 红碎茶(C.T.C.红碎茶、L.T.P.红碎茶等)

(二)红茶的加工

1. 红茶加工工艺流程

鲜叶→ 萎凋 → 揉捻 (揉切)→ 发酵 → 干燥

2. 操作要点

(1)萎凋　目的是散失适量的水分,减少细胞张力,增加韧性,使叶质变软,便于揉捻做形,随着水分散失,细胞液浓缩,酶活性增强,使叶内所含成分发生一定程度的变化。萎凋方法有日光萎凋、室内自然萎凋、萎凋槽萎凋三种。现在常用的是萎凋槽萎凋法。

为了使萎凋均匀一致，要求鲜叶老嫩均匀，摊叶厚度要适宜，一般 16kg/m² 鲜叶，厚度为 10～20cm，掌握嫩叶薄摊，老叶厚摊，每小时翻拌一次，雨水叶每半小时翻拌一次；萎凋温度，即鼓风温度，中小叶种以 35℃ 为宜，不要超过 38℃，否则失水太快，会出现焦边、焦芽、红变现象。大叶种鲜叶容易变红，风温应比中、小叶种低 5℃ 左右。一般夏秋季节自然气温较高，如在 30℃ 左右时，就不必加温，只鼓自然风即可。对于红碎茶提倡轻萎凋。

萎调适度后叶质柔软，手握成团，松之即散，嫩茎折之不断，叶色鲜绿转暗绿，无枯芽、焦边、叶子泛红等现象；鲜叶青气部分消失，略有清香；含水量掌握的原则是嫩叶含水量应掌握偏低，老叶应掌握偏高，即所谓"嫩叶重萎凋，老叶轻萎凋"。一般萎凋不足，易揉碎，断芽，缺锋苗，茶汁流失，发酵困难，条松而不紧，片多，香味青涩，滋味淡薄；萎凋过度，造成枯芽，焦边，泛红，香低味淡。

（2）揉捻（揉切）　目的是充分破碎叶细胞，使茶汁外溢，促进基质、酶和氧气充分接触，加速多酚类酶促氧化及一系列物质变化，易于冲泡，增加茶汤浓度，利于造型。

在红茶加工中，揉捻一开始，发酵也即进行，所以揉捻室气温应以低些为好，湿度大些为宜。在夏秋季节，揉捻室必须喷雾洒水，采取降温增湿的措施。揉捻时加压须掌握"轻—重—轻"的原则，其揉捻时间须根据叶子老嫩来决定，较老的叶子揉捻时间长一些，较嫩的叶子揉捻时间短些。压力和时间是相互联系而又相互影响的，所以加压时注意轻重交替。长时间揉捻，中间要进行解块筛分。

揉捻完成后外形条索紧结，有 90% 以上叶子卷曲，而红碎茶呈颗粒状，紧结重实，茶汁揉出黏附于叶子表面，叶子局部泛红。揉捻不足，发酵困难，条索松散，滋味淡薄，叶底花青；揉捻过度，茶条断碎，茶汤浑暗，滋味重，香气低，叶底暗。

（3）发酵　发酵进一步促进多酚类化合物在酶的作用下氧化，使其他成分也相应地发生深刻的变化，使绿叶变红，透散青气，形成浓郁香气，增强汤色浓度。茶多酚在酶的作用下氧化为茶黄素、茶红素、茶褐素，溶解于茶汤中形成红茶特有的红艳明亮显金圈的汤色。发酵室应整洁，无阳光直射，有恒温、恒湿设备。

发酵过程中温度不宜控制太高，也不能太低，一般发酵室温度在 25～28℃，叶温以不超过 30℃ 为好；发酵室保持高湿状态，要求相对湿度达到 95%，空气新鲜，供氧充足；摊叶厚度一般掌握嫩叶薄摊，粗老叶厚摊，春茶宜厚，夏秋茶宜薄，常采用 8～12cm、12～16cm、16～18cm；发酵时间为 2.5～3.5h，夏秋茶季节气温高，发酵室的发酵时间可以大大缩短，有的甚至不需发酵，揉捻结束，发酵也已基本达到要求。

发酵完成后叶色呈红色，发出浓郁的苹果香味。1～2 级对光透视呈黄红色，3～4 级呈紫红色，叶面及基脉呈红色，青草气消失。发酵不足，香气不高，带青气，冲泡后汤色红暗，泛青色，叶底花青；发酵过度，香气低闷，冲泡后汤色红暗浑浊，滋味淡薄，叶底红暗，多乌条。

（4）干燥　干燥指利用合适的温度破坏酶的活力，停止发酵；蒸发过多的水分，使其达到 6% 含水量，便于储藏；继续散发青草气，发展茶叶香气。目前常采用自动烘干机、手拉百叶式烘干机或烘笼烘干机等方法烘干。

一般采用二次烘干，即分毛火和足火。毛火要求高温快速，迅速抑制酶的活力，散发水分,中间摊凉,使叶内水分重新分布,避免外干内湿;足火要求低温慢烘,蒸发水分,发展香气;摊凉时要求嫩叶薄摊、老叶厚摊、毛火薄摊、足火厚摊。总之烘干厚度、温度、时间、原料这四者之间应有最佳配合,薄摊、高温、烘时短。以自动烘干机为例:毛火时摊叶厚度为1.5～2.0cm,温度100～120℃,时间12～18min,含水量在20%～25%;足火时摊叶厚度2～3cm,温度90～100℃,时间12～18min,含水率达到6%。

毛火叶手捏稍有刺手,但叶回软有弹性,折梗不断,含水率20%～25%;足火叶色乌黑油润(或红褐),香气有浓烈茶香,手捏茶一捏即断,手捻茶成末,含水量6%左右。烘干温度、时间与品质关系密切,特别是香气,过高产生老火味;过低香气不足,有时产生闷气或青气。

(三) 红茶的审评

工夫红茶审评也分外形、汤色、香气、滋味、叶底五项。外形的条索比松紧、轻重、扁圆、弯直、长秀、短钝。嫩度比粗细、含毫量和锋苗兼看色泽润枯、匀杂。要紧结圆直,身骨重实。锋苗及白毫显露,色泽乌润调匀。整碎度比匀齐、平伏和下盘茶含量,要锋苗、条索完整,上、中、下三段拼配比例恰当,不脱档,平伏匀称。净度比梗筋、片朴末及非茶类夹杂物含量。高档茶净度要好,中档以下根据级等差别。对梗筋片有不同程度的限量,但不能含有任何非茶类夹杂物。工夫红茶香气以开汤审评为准,区别香气类型、鲜纯、粗老、高低和持久性。一般高级茶香高而长,冷后仍能嗅到余香;中级茶香气高而稍短,持久性较差;低级茶香低而短或带粗老气。以高锐有花香或果糖香,新鲜而持久的好;香低带粗老气的差。汤色比深浅、明暗、清浊。要求汤色红艳,碗沿有明亮金圈,有"冷后浑"的品质好,红亮或红明者次之,浅暗或深暗混浊者最差。但福建省的小种红茶有松烟香和桂圆汤味为上品。叶底比嫩度和色泽。嫩度比叶质软硬、厚薄、芽尖多少,叶片卷摊。色泽比红艳、亮暗、匀杂及发酵程度。要求芽叶齐整匀净,柔软厚实,色泽红亮鲜活,忌花青乌条。

世界产茶国所产的红茶,大多是红碎茶,目前消费的主要是碎、片、末三个类型。我国生产的红碎茶因产地、品种、栽培管理和加工工艺不同,全国有四套标准样,规格分叶、碎、片、末。叶茶条紧结挺直,碎茶呈颗粒,片茶皱卷,末茶砂粒状。我国的红碎茶也有个别特殊规格,如叶茶以其特有的茶身长、圆、紧、直为优。大叶种以其特有金黄芽毫为优。末茶以砂粒为好。红碎茶审评以内质的汤味、香气为主,外形为辅。开汤审评取共样3g,投入审评杯,150mL沸水冲泡5min。

国际市场对红碎茶品质要求:外形要匀正、洁净、色泽乌黑或带褐红色而油润。内质要鲜、强、浓,忌陈、钝、淡,要有中和性,汤色要红艳明亮,叶底红匀鲜明。

外形主要比匀齐度、色泽、净度。匀齐度比颗粒大小、匀称、碎片末茶规格分清。评比重实程度。碎茶加评含毫量,叶茶外形评比匀、直、整碎、含毫量和色泽。色泽评比乌褐、枯灰、鲜活、匀杂。一般早期茶色乌,后期色红褐或棕红、棕褐,好茶色泽润活,次茶灰枯。净度比筋皮、毛衣、茶灰和杂质。红碎茶对红茎梗含量一般要求不严,特别是季节性好茶,虽含有嫩茎梗,但并不影响质量。内质主要评比滋味的浓、强、鲜和香气以及叶底的嫩度、匀亮度,红碎茶香味要求鲜爽、强烈、浓厚(简称鲜、强、浓)的独特风格,三者既有区别又要相互协调。浓度比茶汤浓厚程度,茶汤进口即在舌面有浓稠感觉,如用滴管吸取的茶汤,滴入清水中扩散缓慢的为浓,品质好,淡薄为差。强度是红碎茶的品质风格,比刺激性强弱,以强烈刺激感有时带微涩无苦味或不愉快感为好茶,醇和平和为差。鲜度比鲜爽程度,以清新、鲜爽为好,迟钝、陈气为次。一般红碎茶在风格对路的情况下,以浓度为主,鲜强浓三者俱全又协调来决定品质高低。对有些高档茶,以特有芬芳香气,细嫩而不太浓的茶味取胜以及季节性好茶,以特有清新、愉快香味取胜,应区别对待,香味中有烟焦霉馊或沾有异味的均属劣茶。汤色以红艳明亮为好,灰浅暗浊为差。决定汤色主要成分是茶黄素(TF)和茶红素(TR)。汤色的深浅与茶黄素和茶红素总量有关,而明亮度与茶黄素与茶红素的比例有关,有一定限度内比值越大,汤色越鲜艳。茶汤的乳凝现象,是汤质优良的表现。习惯采用加乳审评的,每杯茶中加入为茶汤 1/10 的鲜牛乳,加量过多不利于识别汤味。加乳后汤色以粉红明亮或棕红明亮为好,淡黄微红或淡红较好,暗褐、淡灰、灰白者差。加乳后的汤味,要求仍能尝出明显的茶味,这是茶汤浓的反应。茶汤入口两腮立即有明显的刺激感,是茶汤强烈的反应,如果是乳味明显,茶味淡薄,汤质就差。叶底比嫩度、匀度和亮度。嫩度以柔软、肥厚为好,糙硬、瘦薄为差。匀度比老嫩均匀和发酵均匀程度,以颜色均匀红艳为好,驳杂发暗的差。亮度反映鲜叶嫩度和工艺技术水平,红碎茶叶底着重红亮度,而嫩度相当即可。

【项目步骤及实施】

(一)实训地点

茶叶审评实训室。

(二)课时安排

实训授课 10 学时,每 2 个学时审评 4 个茶样,每个茶样可重复审评一次,每两个课时90min,其中教师讲解 30min,学生分组练习 50min,考核 10min。

(三)项目步骤

(1)实训开始。

(2)备具 样茶盘、评茶杯碗、叶底盘、茶匙、天平、定时钟等。

(3)备样 滇红特级、滇红一级、遵义红、祁红、川红、坦洋工夫、C. T. C. 红碎茶、其他红碎茶。

(4)按照模块一中项目三的介绍分别审评 1～4 号茶样/审评 5～8 号茶样/审评 9～12号茶样/审评 13～16 号茶样/审评 17～20 号茶样。

(5)收样。

(6)收具。

(7)实训结束。

【项目预案】

(一)红茶的品质特征

红茶在初制时,鲜叶先经萎凋,减重 30%～45%,增强酶活力,然后再经揉捻或揉切、发酵和烘干,形成红茶红汤红叶香味甜醇的品质特征。

红茶有红碎茶和红条茶之分,红碎茶品质要求汤味浓、强、鲜,发酵程度偏轻,多酚类保留量为 55%～65%。红条茶(即工夫红茶和小种红茶)滋味要求醇厚带甜,发酵较充分,多酚类保留量不到 50%。

1. 红条茶

红条茶按初制方法不同分小种红茶和工夫红茶。

小种红茶小种红茶是我国福建省特产,初制工艺流程是六道工序:

鲜叶→萎凋→揉捻→发酵→过红锅(杀青)→复揉→薰焙

由于采用松柴明火加温萎凋和干燥,干茶带有浓烈的松烟香。

小种红茶以崇安星村桐木关所产的品质最佳,称"正山小种"或"星村小种"。福安、政和等县仿制的称"人工小种"或"烟小种":正山小种:外形条索粗壮长直,身骨重实,色泽乌黑油润有光,内质香高,具松烟香,汤色呈糖浆状的深金黄色,滋味醇厚,似桂圆汤味,叶底厚实光滑,呈古铜色;人工小种:又称烟小种,条索近似正山小种,身骨稍轻而短钝;带松烟香,汤色稍浅,滋味醇和,叶底略带古铜色。

工夫红茶是我国独特的传统产品,因初制揉捻工序特别注意条索的紧结完整,精制时颇费工夫而得名。外形条索细紧平伏匀称,色泽乌润,内质汤色,叶底红亮,香气馥郁,滋味甜醇。因产地、茶树品种等不同,品质也有差异,可分为滇红、祁红、川红、宜红、宁红、闽红等(图2-14)。

(1) 滇红　　　　　　　　　　　　　　　　　　　(2) 祁红

图2-14 红条茶

(1)祁红　产于安徽祁门县及其毗邻各县。制工精细,外形条索细紧而稍弯曲,有锋苗,色泽乌润略带灰光,内质香气特征最为明显,带有类似蜜糖或苹果的香气,持久不散,在国际市场誉为"祁门香",汤色红艳明亮,滋味鲜醇带甜,叶底鲜红明亮。

(2)滇红　产于云南凤庆、临沧、双江等地,用大叶种茶树鲜叶制成,品质特征明显,外形条索肥壮紧结重实,匀整,色泽乌润带红褐,金毫特多,内质香气高,汤色红艳带金圈,滋味浓厚刺激性强,叶底肥厚,红嫩鲜明。

(3)遵义红　外形条索紧结,壮实美观,有锋苗,多毫,色泽乌润,内质香气鲜而带花香,汤色红亮,滋味鲜醇爽口,叶底红明匀整。

(4)宜红　外形条索细紧有毫,色泽尚乌润,内质香气甜纯似祁红,汤色红亮,滋味尚鲜醇,叶底红亮。

(5)宁红　外形条索紧结,有红筋稍短碎,色泽灰而带红,内质香气清鲜,汤色红亮稍浅,滋味尚浓略甜,叶底开展。

(6)闽红　分白琳工夫、坦洋工夫和政和工夫三种:白琳工夫:外形条索细长弯曲,多白毫,带颗粒状,色泽黄黑,内质香气纯而带甘草香,汤色浅而明亮,滋味清鲜稍淡,叶底鲜红带黄;坦洋工夫:外形条索细薄而飘,带白毫,色泽乌黑有光,内质香气稍低,茶汤呈深金黄色,滋味清鲜甜和,叶底光滑;政和工夫:分大茶和小茶两种。

2. 红碎茶

红碎茶在初制时经过充分揉切,细胞破坏率高,有利于多酚类酶性氧化和冲泡,形成香气高锐持久,滋味浓强鲜爽,加牛乳白糖后仍有较强茶味的品质特征。因揉切方法不同,分为传统红碎茶、C. T. C. 红碎茶、转子(洛托凡)红碎茶、L. T. P.(即劳瑞式锤击机)红碎茶和不萎凋红碎茶五种。各种红碎茶又因叶型不同分为叶茶、碎茶、片茶和末茶四类,都有比较明显的品质特征,因产地、品种等不同,品质特征也有很大差异(图2-15)。

(1) C.T.C.红碎茶　　　　　　　　　　(2) C.T.C.红碎茶叶底

图2-15　红碎茶

(1)不同工艺红碎茶的特征如下所述。

①传统红碎茶:传统揉捻机自然产生的红碎茶滋味浓,强度常较卷成条索的叶茶为好。为了增加红碎茶的产量,将棱骨改成刀口,采取加压多次揉切的方法。这种盘式揉切法实际上对增加细胞破坏率的效果并不大,相反地叶子却长时间闷在揉桶中升温高,而使香味欠鲜强,汤色、叶底欠明亮。但干茶色泽较乌润,颗粒也较紧结重实。目前生产上已很少应用,有的应用传统揉捻机"打条",再用转子机切碎。本法所制成的成品有叶茶、碎茶、片茶、末茶四种花色。

②转子红碎茶:萎凋叶在转筒中挤压推进的同时,达到轧碎叶子和破坏细胞的目的。品质特征是外形颗粒不及传统或C. T. C. 红碎茶紧结重实,但主要问题是在转子中叶温过高,致使揉切叶内的多酚类酶性氧化过剧而使有效成分下降,在一定程度上,降低了转子红碎茶的鲜强度。

③C. T. C. 红碎茶:彻底改变了传统的揉切方法。萎凋叶通过两个不锈钢滚轴间隙的时间不到一秒钟就达到了充分破坏细胞的目的,同时使叶子全部轧碎成颗粒状。发酵均匀而迅速,所以必须及时烘干,才能获得汤味浓强鲜的品质特征。但由于C. T. C. 揉切机的机械性能和精密度较高,对鲜叶嫩匀度的要求也较高,两个滚轴的间隙必须调节适当,品质才能保证。产品全部为碎茶,颗粒大小依叶子厚薄及滚轴间隙决定。较其他碎茶稍大而重实匀整,色泽泛棕,成为C. T. C. 红碎茶的特征。

④L. T. P. 红碎茶:像锤击磨碎机,用离心风扇输入和输出叶子,不需要预揉捻,对叶细胞的破坏程度比 C. T. C. 更大,具有强烈、快速、低温揉切的特性。产品几乎全部为片、末茶,颗粒形碎茶极少,色泽红棕,鲜强度较好,略带涩味,汤色红亮,叶底红匀。该法采用 L. T. P. 机与 C. T. C. 机联装可产生颗粒紧结的碎茶。

⑤不萎凋红碎茶:在雨天因设备不足,来不及进行加温萎凋时,鲜叶就不经萎凋,直接用切烟机(Legg – Cut)切成细条后揉捻,再经发酵、烘干。品质特征外形都是扁片,内质汤色,叶底红亮,香味带青涩,刺激性强。

(2)不同叶型红碎茶品质特征如下所述。

①叶茶:传统红碎茶的一种花色。条索紧结挺直匀齐,色泽乌润,内质香气芬芳,汤色红亮,滋味醇厚,叶底红亮多嫩茎。

②碎茶:外形颗粒重实匀齐,色泽乌润或泛棕,内质香气馥郁,汤色红艳,滋味浓强鲜爽,叶底红匀。

③片茶:外形全部为木耳形的屑片或皱折角片,色泽乌褐,内质香气尚纯,汤色尚红,滋味尚浓略涩,叶底红匀。

④末茶:外形全部为砂粒状末,色泽乌黑或灰褐,内质汤色深暗,香低味粗涩,叶底红暗。

(3)不同产地品种红碎茶的品质特征如下所述。

因产地品种不同,我国有四套红碎茶标准样,用大叶种制成的一两套样红碎茶,品质高于用中小叶种制成的三四套样红碎茶。

①大叶种红碎茶:外形颗粒紧结重实,有金毫,色泽乌润或红棕,内质香气高锐,汤色红艳,滋味浓强鲜爽,叶底红匀。

②中小叶种红碎茶:外形颗粒紧卷,色泽乌润或棕褐,内质香气高鲜,汤色尚红亮,滋味欠浓强,叶底尚红匀。

(4)国外红碎茶品质特征如下所述。

①印度红碎茶:主要茶区在印度东北部,以阿萨姆产量最多,其次为大吉岭和杜尔司等。阿萨姆红碎茶用阿萨姆大叶种制成。品质特征是外形金黄色毫尖多,身骨重,内质茶汤色深味浓,有强烈的刺激性。大吉岭红碎茶用中印杂交种制成。外形大小相差很大。具有高山茶的品质特征,有独特的馥郁芳香,称为"核桃香"。杜尔司红碎茶用阿萨姆大叶种制成。因雨量多,萎凋困难,茶汤刺激性稍弱,浓厚欠透明。不萎凋红茶刺激性强,但带涩味,汤色、叶底红亮。

②斯里兰卡红碎茶:按产区海拔不同,分为高山茶、半山茶和平地茶三种。茶树大多是无性系的大叶种,外形没有明显差异,芽尖多,做工好,色泽乌黑匀润,内质高山茶最好,香气高,滋味浓。半山茶外形美观,香气醇厚。平地茶外形美观,滋味浓而香气低。

③孟加拉红碎茶:主要产区为雪尔赫脱和吉大港,雪尔赫脱红碎茶做工好,汤色深,香味醇和。吉大港红碎茶形状较小,色黑,茶汤色深而味较淡。

④印度尼西亚红碎茶:主要产区为爪哇和苏门答腊。爪哇红碎茶制工精细,外形美观,色泽乌黑。高山茶有斯里兰卡红碎茶的香味。平地茶香气低,茶汤浓厚而不涩。苏门答腊红碎茶品质稳定,外形整齐,滋味醇和。

⑤苏联红碎茶:主要产区为格鲁吉亚,北至克拉斯诺达尔边区,气候较冷,都是小叶种,

20 世纪 50 年代初期曾从我国大量引进祁门楮叶种、淳安鸠坑种。采用传统制法。外形匀称平伏,揉捻较好,内质香气纯和,汤色明亮,滋味醇而带刺激性,叶底红匀尚明亮。

⑥东非红碎茶:主要产区有肯尼亚、乌干达、坦桑尼亚、马拉维等。用大叶种制成,品质中等。近年来肯尼亚红碎茶品质提高较明显。

【项目评价】

红茶审评项目评价考核评分如表 2 – 5 所示。

表 2 – 5　　　　　　　红茶审评项目评价考核评分表

分项	内容	满分	自评分 (10%)	组内互评分 (10%)	组间互评分 (10%)	教师评分 (70%)	单项实际 得分
1	茶样 1 号 名称_____	20					
2	茶样 2 号 名称_____	20					
3	茶样 3 号 名称_____	20					
4	茶样 4 号 名称_____	20					
5	综合表现	20					
合计		100					

【项目作业】

根据实训结果填写茶叶审评单。

【项目拓展】

(1)红茶可分为哪几类?

(2)红茶的感官审评指标包括哪些?

(3)世界红茶产销有何特征?

项目六　黑茶与紧压茶审评

【项目要求】

了解黑茶的分类,掌握黑茶品质的感官审评指标,了解普洱散茶、云南沱茶、饼茶、紧茶、普洱方茶、米砖茶的品质特征。

【项目理论及分析】

黑茶的鲜叶较为粗老,在干燥前或后进行渥堆,渥堆过程堆大、叶量多、温湿高、时间长,促使多酚类充分进行自动氧化,除表没食子儿茶素的含量较黄茶略多外,各种儿茶素的含量都比黄茶少,渥堆过程儿茶素损耗率也相应较大,而使黑茶的香味变得更加醇和、汤色深、澄黄带红,干茶和叶底色泽都较暗褐(图 2 – 16)。

图 2 – 16　加工黑茶的原料

(一)黑茶的分类

黑茶
- 湖南黑茶(安化黑茶等)
- 湖北黑茶(老青茶等)
- 四川黑茶(南路边茶、西路边茶等)
- 滇桂黑茶(普洱茶、六堡茶等)

(二)黑茶的加工

黑毛茶精制后大部分再加工成压制茶,少数压成篓装茶。还有用晒青加工成紧压黑茶。黑毛茶工艺流程为:

鲜叶→杀青→揉捻→渥堆→干燥

或　鲜叶→杀青→揉捻→干燥→湿水渥堆→干燥

渥堆是将揉捻叶堆积起来,通过堆内的湿热作用(还有部分微生物作用),除去部分涩味和粗老味,使叶色由暗绿变成黄褐,形成黑茶汤色橙黄、滋味醇和、叶底黄褐或黑褐的品质特征。渥堆过程实质上是一个后发酵过程,是黑茶品质既不同于红茶更不同于绿茶的关键工序(图 2 – 17)。

(三)黑毛茶审评

黑毛茶审评以干评外形的嫩度和条索为主,兼评含杂量、色泽和干香。一级、二级黑毛茶也有结合湿评香气和滋味。黑毛茶的持嫩性较差,有一定的老化枝叶。评嫩度看叶质的老嫩。评条索比松紧、轻重,以成条率高且较紧结的为上,以成条率低、松泡、皱折、粗扁、轻飘的为一般。评色泽比颜色和枯润度,以油黑为优,黄绿花杂或铁板青色的为次。南路边茶以黄褐,浅棕褐或青黄色为正常。净度看黄梗、浮叶及其他夹杂物的含量。嗅干香以有火候香带松烟气为佳,火候不足或烟气太重较次,粗老香气低微或有日晒气的为差。有渥堆气、

(1) 普洱茶渥堆　　　　　　　　　　　(2) 普洱茶翻堆

图 2 - 17　黑茶的加工

霉气等的为劣。评滋味以汤味醇正的为好,味粗淡或苦涩的为差。叶底以黄褐带竹青色为好,夹杂红叶、绿色叶者为次。

(四)压制茶审评

1. 外形审评

应对照标准样进行实物评比,压制茶中分里面茶和不分里面茶的审评方法和要求都不同。

(1)分里面茶　如青砖、米砖、康砖、紧茶(原为心脏形,现改为小长方形)、圆茶、饼茶、沱茶等,评整个(块)外形的匀整度,松紧度和撒面三项因子。匀整度看形态是否端正,棱角是否整齐,压模纹理是否清晰。松紧度看厚薄、大小是否一致,紧厚是否适度,撒面看是否包心外露,起层落面,撒面茶应分布均匀。再将个体分开,检视梗子嫩度、里茶或面茶有无霉烂、夹杂物等情况(图 2 - 18)。

(1) 分里面茶——撒面　　　　　　　　(2) 分里面茶——里茶

图 2 - 18　分里面茶

(2)不分里面茶　筑成篓装的成包或成封产品有湘尖、六堡茶。其外形评比梗叶老嫩及色泽,有的评比条索和净度。压制成砖形的产品在黑砖、茯砖、花砖、金尖,外形评比匀整、松紧、嫩度、色泽、净度等项。匀整即形态端正,棱角整齐,模纹清晰,有无起层落面,松紧指厚薄、大小一致。嫩度看梗叶老嫩。色泽看油黑程度。净度看筋梗、片、末、朴籽的含量以及其他夹杂物。条索如湘尖、六堡看是否成条。茯砖加评"发花"状况,以金花茂盛、普遍、颗粒大的为好。

审评外形的松紧度黑砖、青砖、米砖、花砖是蒸压越紧越好,茯砖、饼茶、沱茶就不宜过紧,松紧要适度。审评色泽,金尖要猪肝色,紧茶要乌黑油润,饼茶要黑褐色油润,茯砖要黄褐色,康砖要棕褐色。

2. 内质审评

汤色比红和明度:花砖、紧茶呈橘黄色,沱茶要橙黄明亮,方包为棕红色,康砖、茯砖以橙黄或橙红为正常,金尖以红带褐为正常。

香味:米砖、青砖有烟味是缺点,方包茶有焦烟气味却属正常。

滋味:是否有青、涩、馊、霉等。

叶底色泽:康砖以深褐色为正常,紧茶、饼茶嫩黄色为佳。

含梗量:米砖不含梗子,青砖、茯砖、黑砖、花砖、紧茶、康砖、饼茶按品质标准允许含有一定比例当年生嫩梗,不得含有隔年老梗。

【项目步骤及实施】

(一)实训地点

茶叶审评实训室。

(二)课时安排

实训授课 4 学时,每 2 个学时审评 4 个茶样,普洱散茶茶样可重复审评一次,每两个课时 90min,其中教师讲解 30min,学生分组练习 50min,考核 10min。

(三)项目步骤

(1)实训开始。

(2)备具 样茶盘、评茶杯碗、叶底盘、茶匙、天平、定时钟等。

(3)备样 宫廷普洱散茶、一级普洱散茶、三级普洱散茶、云南沱茶、七子饼茶生茶、七子饼茶熟茶、茯砖茶、米砖茶、老青茶等。

(4)按照模块一中项目三的介绍分别审评茶样。

(5)收样。

(6)收具。

(7)实训结束。

【项目预案】

黑茶的品质特征如下所述。

(一)黑毛茶

一般以一芽四、五叶的鲜叶为原料,外形条索尚紧、圆直,色泽尚黑润,内质香气纯正,汤色橙黄,滋味醇和,叶底黄褐以竹叶青色为上品。

(二)篓装黑茶

篓装黑茶分湖南湘尖、广西六堡茶和四川方包茶三种。

1. 湘尖

外形条索尚紧,色泽黑褐,内质香气纯和带松烟香,汤色橙黄,滋味醇厚,叶底黄褐尚嫩。

2. 六堡茶

六堡毛茶外形条索粗壮长整不碎,紧压篓装六堡成品茶后茶身紧,结成块状,色泽黑褐光润,内质汤色紫红,香味陈醇,有松烟香和槟榔味,清凉爽口,有去热解闷的作用,在炎热闷湿的气候条件下,饮后舒适,叶底暗褐色,越陈越好。

3. 方包茶

将原料茶筑制在方形篾包中而称为方包茶。方包茶品质特点是梗多叶少,色泽黄褐,内质汤色深红略暗,有烟焦香气,滋味和淡,叶底粗老黄褐。

(三)压制黑茶

压制黑茶有湖南的黑砖茶、花砖茶和茯砖茶(图2-19),四川的康砖茶、金尖等。

1. 黑砖茶

砖形,色泽黑褐,内质汤色深黄或红黄微暗,香气纯正,滋味浓厚微涩,叶底暗褐,老嫩欠匀。

2. 花砖茶

砖形,正面边有花纹,色泽黑润,内质香气纯正,汤色红黄,滋味浓厚微涩,叶底老嫩尚匀。

3. 茯砖茶

砖形,砖内黄花普遍茂盛,色泽黄褐,内质香气有黄花清香,汤色橙黄明亮,滋味醇和,叶底黑褐色。

图2-19 压制黑茶(茯砖茶)

4. 康砖茶

圆角长方形,色泽黄褐,内质香气纯正,汤色黄红,滋味纯尚浓,叶底较粗老,深褐稍花暗。

5. 金尖茶

椭圆枕柱形,色泽棕褐,内质香气平和带油香,汤色红褐,滋味纯正,叶底棕褐微黄。

(四)压制晒青黑茶

压制晒青黑茶有湖北的青砖茶、云南的紧茶和圆茶等(图2-20)。

1. 青砖茶

外形端正光滑,厚薄均匀,色泽青褐,内质汤色红黄明亮,具有青砖特殊的香味而不青涩,叶底呈暗褐粗老。

2. 紧茶

外形原为有柄心脏形,现改为小砖形,厚薄均匀,色泽尚乌,内质汤色橙较深,香气尚纯,滋味醇和,叶底老嫩欠匀。

(1) 云南小沱茶　　　　　　　　　　　　(2) 云南七子饼茶

图 2－20　压制晒青黑茶

3. 圆茶

即七子饼茶,圆饼形,色泽乌润,内质香气清纯,汤色橙黄,滋味醇厚,叶底尚嫩匀。

【项目评价】

黑茶审评项目评价考核评分如表 2－6 所示。

表 2－6　　　　　　　　　　黑茶审评项目评价考核评分表

分项	内容	满分	自评分 (10%)	组内互评分 (10%)	组间互评分 (10%)	教师评分 (70%)	单项实际 得分
1	茶样 1 号 名称＿＿＿＿	20					
2	茶样 2 号 名称＿＿＿＿	20					
3	茶样 3 号 名称＿＿＿＿	20					
4	茶样 4 号 名称＿＿＿＿	20					
5	综合表现	20					
合计		100					

【项目作业】

根据实训结果填写茶叶审评单。

【项目拓展】

(1)黑茶可分为哪几类?

(2)云南普洱茶越陈越香吗?

第三部分

高级评茶员技能要求

模块一　再加工茶审评

项目一　花　茶　审　评

【项目要求】

了解花茶的分类,熟悉花茶品质的感官审评指标,掌握茉莉狗牯脑、茉莉双龙银针、桂花茶、桂花龙井茶、金银花茶的感官审评方法。

【项目理论及分析】

花茶属再加工茶类。所谓再加工茶,是指毛茶经过精制后,再行加工的茶。目前,我国再加工茶除花茶之外,还有压制茶和速溶茶、茶饮料等。花茶是精制后的茶经过窨花而制成的,通常所用的香花有茉莉、白兰、珠兰、玳玳、柚子、桂花、玫瑰等,不同香花窨制的花茶品质各具特色。

茉莉花茶的加工工艺流程(图3-1):

茶坯处理 → 鲜花维护 → 窨花拼和 → 通花散热 → 收堆续窨 → 起花 → 复火摊凉 → 匀堆装箱

(1) 茉莉鲜花维护

(2) 窨花拼和

图3-1　茉莉花茶窨制

窨制茉莉花茶的品质要求是:花香鲜灵、持久、纯正。香气应芬芳清锐、不闷不浊,滋味醇和鲜爽,不苦不涩,汤色黄绿或淡黄,叶底匀亮。花茶具有素茶的纯正茶味,又有鲜花之幽雅香气,独具风格。茉莉花茶馥郁芬芳,花香鲜灵,清锐持久,茶味浓郁,醇和鲜爽。

(一)茉莉花茶审评方法

花茶审评外形基本与素茶相同。内质审评方法较多,有单杯1次、单杯2次,双杯1次、双杯2次冲泡。

1. 单杯审评

单杯审评又分为一次冲泡和二次冲泡两种方法。

（1）单杯一次冲泡法　一般称取3g，用150mL审评杯，250mL审评碗，沸水冲泡，如有花干、花蕚必须先拣净，再称量。冲泡时间为5min，开汤后先看汤色是否正常，看汤色时间要快，接着趁热嗅香气，审评鲜灵度，温嗅浓度和纯度，再评滋味，花香味上口快而爽口，说明鲜灵度好，再冷嗅香气，评比香气的持久性。这种方法对花茶审评技术比较熟练的人员可采用。

（2）单杯二次冲泡法　同样称取3g，用150mL审评杯，250mL审评碗，沸水冲泡，如有花干、花蕚必须先拣净，再称量。单杯二次冲泡法是指一杯样茶分两次冲泡，第一次冲泡3min，主要评香气的鲜灵度，滋味的鲜爽度。第二次续水，冲泡5min，评香气的浓度和持久性，然后综合审评汤色、香气和滋味，最后评叶底。这种方法比一次冲泡法好，但操作上麻烦一些，时间会长一些（GB/T 23776—2018《茶叶感官审评方法》）。

2. 双杯审评

双杯审评是指同一茶样冲泡两杯，目前，双杯审评也有两种方法，一是双杯一次冲泡，另一种是双杯二次冲泡。

（1）双杯一次冲泡法　双杯一次冲泡法即同一茶样称取两份，每份3g，两杯同时一次冲泡，时间5min。先看茶汤的色泽，趁热嗅香气的鲜灵度和纯度，再评滋味，最后冷嗅香气的持久性。

（2）双杯二次冲泡法　双杯二次冲泡法即同一茶样称取两份，每份3g，第一杯只评香气，分两次冲泡，第一次冲泡3min，评香气的鲜灵度；第二次冲泡5min，评香气的浓度和纯度。第二杯专供评汤色、滋味、叶底，原则上一次性冲泡5min。

（二）茉莉花茶审评因子

茉莉花茶感官审评的品质因子有8项。外形为条索、整碎、色泽、净度，内质为香气、滋味、叶底嫩度、叶底色泽。汤色作为参考因子。

1. 外形审评

茉莉花茶外形审评见图3-2。

(1)茉莉花茶底茶　　　　　　　　　　(2)飘雪茉莉

图3-2　茉莉花茶外形审评

（1）条索　比细紧或粗松，比茶质轻重，比茶身圆扁、弯直，比有无锋苗及长秀短钝、有无毫芽等。评比时要注意鉴别细与瘦、壮与粗的差别，毫芽要肥壮不可与驻芽相混淆。

（2）整碎　比面张茶、中段茶、下段茶的比重和筛号茶拼配匀称适宜，察看面张茶是否平伏和筛档的匀称情况，特别要注意下段茶是否超过标准。

（3）色泽　比枯润、比匀杂、比颜色。要注意花茶经过窨制其颜色与绿茶对比应显得绿中泛黄。

（4）净度　比梗、筋、片、籽等含量，以及非茶类夹杂物。

2. 内质审评

（1）香气　比鲜灵度，比浓度，比纯度。鲜灵度为嗅之有茉莉鲜花香气，香气感觉越明显越敏锐表明鲜灵度越好。浓度不但反映在香气高纯上，还反映在持久耐泡上。一嗅尚香、二嗅香微、三嗅香尽表明浓度低。劣质花茶香味常不纯，有浊闷味、水闷味、花蒂味、透素、透兰等（图3-3）。要注意分辨花茶中可能出现的品质缺陷。遇到不易区别时，可采用二次冲泡法。第一次冲泡3min嗅香，着重鉴定鲜灵度；第二次冲泡5min，着重鉴定浓度，浓度高低在第二次冲泡时容易区别。纯度是鉴评茉莉花香气是否纯正，是否杂有其他花香型的香气或其他气味。

(1) 白玉兰鲜花处理　　　　　　　　　　　　　　(2) 拼入白玉兰鲜花

图3-3　茉莉花茶加工中的白玉兰花处理

（2）汤色　比明亮程度。色泽黄亮或绿黄明亮为好。

（3）滋味　比醇和，比鲜爽，比浓厚。茉莉花茶茶汤要求醇和而不苦不涩，鲜爽而不闷不浊。忌显绿茶生青或涩味。

（4）叶底　嫩度和色泽比粗老肥嫩，比叶质硬挺柔软，以软嫩为佳。色泽比颜色、比亮暗、比匀杂，以黄绿匀亮为佳。

【项目步骤及实施】

（一）实训地点

茶叶审评实训室。

（二）课时安排

实训授课6学时，每2个学时审评4个茶样，每个茶样可重复审评一次，每两个课时90min，其中教师讲解30min，学生分组练习50min，考核10min。

(三)项目步骤

(1)实训开始。

(2)备具　样茶盘、评茶杯碗、叶底盘、茶匙、天平、定时钟等。

(3)备样　茉莉狗牯脑、茉莉双龙银针、桂花茶、桂花龙井茶、金银花茶、茉莉花茶特级（贵州茶坯）、茉莉花茶特级（云南茶坯）、白毫茉莉、飘雪茉莉等。

(4)按照模块一中项目三的介绍分别审评茶样。

(5)收样。

(6)收具。

(7)实训结束。

【项目预案】

花茶审评项目预案如表3－1所示。

表3－1　　　　　　　　　　　　　　　花茶审评项目预案

名称	产地	成品茶品质特征
茉莉狗牯脑	产于江西省南昌茶厂	外形细嫩匀净；内质汤色黄亮；花香鲜灵持久，滋味醇厚，饮后齿颊留香，余味无穷，为花中珍品
茉莉双龙银针	产于浙江省金华茶厂	外形条索紧细如针，匀齐挺直，满披银色白毫；内质汤色清澈明亮，香气鲜灵浓厚
桂花龙井茶	产于浙江杭州	外形扁平挺直，色泽翠绿光润，花如叶里藏金，色泽金黄。内质汤色绿黄明亮，香气清香持久，滋味醇香适口，叶底嫩黄明亮
金银花	产于浙江温州市	外形有细绳，黄绿相间；内质汤清澈黄亮，滋味鲜醇爽口，饮后沁人心脾，为防暑降温的好饮料

【项目评价】

花茶审评项目评价考核评分如表3－2所示。

表3－2　　　　　　　　　　　花茶审评项目评价考核评分表

分项	内容	满分	自评分（10%）	组内互评分（10%）	组间互评分（10%）	教师评分（70%）	单项实际得分
1	茶样1号 名称_____	20					
2	茶样2号 名称_____	20					
3	茶样3号 名称_____	20					
4	茶样4号 名称_____	20					
5	综合表现	20					
	合计	100					

【项目作业】

根据实训结果填写茶叶审评单。

【项目拓展】

(1)花茶是如何分类的?

(2)简述茶叶变质、变味、陈化的原因。

(3)了解茶叶的储存常识。

茶叶的储存

1. 茶叶储存的重要性

茶叶是一种特殊的商品,具有很强的吸附性、吸湿性和陈化性,很容易吸收异味,受潮易陈化,极易受到水分、温度、空气、光线的影响而降低质量。因此,茶叶的储存要求较高,基本上采取低温、避光、无氧储藏,多层复合材料抽氧充氮气,使茶叶从加工后到饮用前处于干燥、低温、密封的环境中。同时,要注意不要让茶叶受到挤压、撞击,以保持茶叶的原形、本色和真味。

2. 茶叶变质、变味、陈化的原因

(1)温度　温度越高,茶叶品质变化越快,平均每升高10℃,茶叶的色泽褐变速度将增加3~5倍。如果把茶叶储存在0℃以下的地方,较能抑制茶叶的陈化和品质的损失。

(2)水分　茶叶水分含量在3%左右时,茶叶成分与水分子呈单层分子关系,当水分含量大于5%时,水分就会转变成溶剂作用,引起激烈变化,加快茶叶的变质。

(3)氧气　茶中多酚类化合物的氧化、维生素C的氧化以及茶黄素、茶红素的氧化聚合,都与氧气有关,这些氧化作用会产生陈味物质,破坏茶叶的品质。

(4)光线　光的照射会加速各种化学反应的进行,特别是叶绿素易受光的照射而褪色,其中对紫外线最为敏感。

3. 常用的茶叶储存方法

(1)冷藏法　冷藏法即将包好的茶叶储存在温度设定在-5℃左右的冰箱或冷库内,其品质变化较慢,至少半年内其色、香、味保持新茶水平,是较理想的储存茶叶的方法。

(2)热水瓶储存法　热水瓶储存法即用于干燥清洁的热水瓶存放茶叶,并尽量充实装满,塞紧塞子以减少瓶内的空隙,该方法因瓶内温度稳定,隔绝空气,湿气难以进入,储存数月的茶叶仍然如新。

(3)罐装储存法　罐装存储法即用小罐子分装少量的茶叶,以便随时取用,其余用大罐子密封起来,罐子最好是锡罐,纸罐也不错,但不能有异味,如蝇铁罐,则要用双层盖的,盖口缝隙用。胶纸封紧,罐外套上两层纸袋,然后把袋口扎好。

(4)塑料袋储存法　塑料袋储存法即使用双层塑料袋或一层锡箔纸加一层塑料袋扎口后存放,但储存时间不宜太长。

此外,以锡箔真空包装储放茶叶的效果也不错。尽管如此,新鲜茶叶在半年内喝完最好,绿茶以在1个月内趁新鲜喝完最好,半发酵及发酵茶也要在半年内喝,否则将成为陈年茶,如果茶叶放得太久,有点潮味,可以放在烤箱中微烤一下,便又可产生出新茶的风味。

项目二　袋泡茶审评

【项目要求】

了解袋泡茶的分类和质量要求;掌握袋泡茶的审评要点。

【项目理论及分析】

袋泡茶是在原有茶类基础上,经过拼配、粉碎、包装而成,据2011年相关资料报道,世界袋泡茶占茶叶总消费量的23.5%。袋泡茶出现的历史不长,但发展速度很快,尤其是欧美国家非常普及,如加拿大、意大利、荷兰、法国等的袋泡茶销量均占茶叶总销量的80%以上,已成为茶叶的主导消费产品。

(一)袋泡茶的分类

通常一包袋泡茶由外封套、内包装袋、袋内包装物、提线、标牌等组成。袋泡茶的分类主要以袋内包装物的种类为依据,分为以下几类。

1. 茶型袋泡茶

茶型袋泡茶包括红茶、绿茶、乌龙茶、普洱茶、花茶等各类不同的纯茶袋泡茶。

2. 果味型袋泡茶

果味型袋泡茶由茶与各类营养干果或果汁或果味香料混合加工而成。这种袋泡茶既有茶的香味,又有干鲜果的风味和营养价值。如柠檬红茶、京华枣茶、乌龙戏珠茶等。

3. 香味型袋泡茶

香味型袋泡茶是指在茶叶中添加各种天然香料或人工合成香精的袋泡茶。如在茶叶中添加茉莉、玫瑰、香兰素等,由提取的香气成分加工而成的袋泡茶。

4. 保健型袋泡茶

保健型袋泡茶是由茶叶和某些具药理功效的中草药,按一定比例配比加工而成的袋泡茶。

5. 非茶袋泡茶的各种袋泡茶

此类茶如绞股蓝袋泡茶、杜仲袋泡茶、桑叶袋泡茶等。

(二)袋泡茶的质量要求

袋泡茶是由茶叶经拼配、粉碎后装入具有网状过滤纸而生产的茶叶产品。袋泡茶既满足了消费者对茶叶方便、卫生、快速、省时的要求,又使茶叶加工产生进入了一个新的领域。曾有少数袋泡茶的生产厂家,以茶叶精加工中的碎末茶来加工袋泡茶,忽视了产品的质量,使消费者认为袋泡茶就是低档茶,从而大大影响了袋泡茶的消费。纯茶型袋泡茶是袋泡茶发展的重点。如何提高袋泡茶原料的感官内质,并使袋泡茶的卫生、理化指标达到国家标准和出口要求是当务之急。

绿茶香气高鲜持久,无水闷气、粗老气、烟、焦等异气;滋味浓醇鲜爽;汤色黄绿,清澈明亮,不受潮泛黄。目前绿茶袋泡茶市场销量较少,应提高品质,开拓国内外消费市场。小叶种地区春季生产的高档绿茶,经齿切机分次切碎和分筛,就可作为袋泡茶的原料茶。

红茶香气鲜甜浓郁,滋味鲜甜爽口,汤色红艳明亮。当前国际流行的主要是以红碎茶为原料的红茶袋泡茶,其用茶应以内质为主。香气要新鲜高锐;滋味要浓、强、鲜,有刺激性;汤色要红艳明亮。外形规格能适应机器包装,要求碎茶匀整洁净,末茶呈砂粒状,不含 60 目以下的细末。红茶袋泡茶不要求耐冲泡,因此 C. T. C. 红茶特别适合加工袋泡茶。

乌龙茶香气浓郁持久,滋味醇厚回甘,独具香韵,汤色金黄或橙黄明亮。

花茶香气特征明显,浓郁芬芳,鲜灵持久;滋味醇厚甘爽,汤色清澈明亮。

不管是哪种袋泡茶,高档原料一般要求茶汤色泽鲜亮、香气浓郁、滋味纯正;低档原料则要求汤色、香气、滋味正常,具有明显的相应茶类的特征,无异味;中档原料的要求居于两者之间。

(三)袋泡茶的理化标准

1. 茶颗粒度

茶颗粒度主要影响茶的计量与包装质量,是衡量袋泡茶原料质量的一个重要指标。根据目前的袋泡茶包装设备的性能及滤纸的性能,一般袋泡茶要求 14～40 目的颗粒状或砂粒状茶叶。因为大于 12 目的茶叶,颗粒大,体积质量计量误差大,成袋困难;40 目以下尤其是 60 目以下的都是粉末茶和质地轻飘的子口茶,机包时易飞扬到滤纸袋的边缘,造成封袋不良,散袋增加,降低了袋泡茶的加工质量。此外,过细的粉末茶,冲泡易透过滤纸进入茶汤,使汤色混浊不明亮,影响袋泡茶的品质。

2. 理化指标

水分≤7%;总灰分≤6.5%。

3. 卫生指标

卫生指标必须达到 GB 2762—2017《食品安全国家标准　食品中污染物限量》和 GB 2763—2016《食品安全国家标准　食品中农药最大残留限量》的要求。

(四)袋泡茶的审评要点

1. 审评方法

袋泡茶审评方法目前未见统一标准,仍以感官审评为主,只是针对此类袋泡茶的独特性,对常规审评方法加以调整。

(1)外形审评包装　包装因子包括包装材料、包装方法、图案设计,包装防潮性能,及所使用的文字说明是否符合食品通用标准。

(2)开汤审评　主要是评其内质的汤色、香气、滋味和冲炮后的内袋。汤色评比茶汤的类型和明浊度。同一类茶叶。茶汤的色度与品质有较强的相关性。同时失风受潮、陈化变质的茶叶在茶汤的色泽上反映也较为明显。汤色明浊度要求以明亮鲜活的为好,陈暗少光泽的为次,浑浊不清的为差。对个别保健茶袋泡茶,如果添加物显深色,在评比汤色时应区别对待。香气主要看纯异、类型、高低与持久性。袋泡茶除添加其他成分的保健茶外,一般均应具有原茶的良好香气,而添加了其他成分的袋泡茶,香气以协调适宜,能正常被人们接受为佳。袋泡茶因多层包装,受包装纸污染的机会较大。因此,审评时应注意有无异味。如是香型袋泡茶,应评其香型的高低、协调性与持久性。滋味则主要从浓淡、爽涩等方面评判,根据口感的好坏判断质量的高低。冲泡后的内袋主要检查滤纸袋是否完整不裂,茶渣能否被封包于袋内而不溢出,如有提线,检查提线是否脱离包袋。

2. 质量分级

根据质量评定结果,可把普通袋泡茶划分为优质产品、中档产品、低档产品和不合格产品。

（1）优质产品　包装上的图案、文字清晰。内外袋包装齐全,外袋包装纸质量上乘,防潮性能好。内袋长纤维特种滤纸网眼分布均匀,大小一致。滤纸袋封口完好,用纯棉白线作提线,线端有品牌标签,提线两端定位牢固,提袋时不脱线。袋内的茶叶颗粒大小适中,无茶末黏附滤纸袋表。未添加非茶成分的袋泡茶,应有原茶的良好香味,无杂异气味,汤色明亮无沉淀,冲炮后滤纸袋涨而不破裂。

（2）中档产品　可不带外袋或无提线上的品牌标签,外袋纸质较轻,封边不很牢固,有脱线现象。香味虽纯正,但少新鲜口味,汤色亮但不够鲜活。冲泡后滤纸袋无裂痕。

（3）低档产品　包装用材中缺项明显,外袋纸质轻,印刷质量差。香味平和,汤色深暗,冲泡后有时会有少量茶渣漏出。

（4）不合格产品　包装不合格,汤色浑浊,香味不正常,有异气味,冲泡后散袋。

【项目步骤及实施】

（一）地点

茶叶审评室。

（二）课时及安排

2 个课时,共 90min,其中教师讲解并展示不同档次、不同茶类的袋泡茶 40min,学生分组审评 40min,考核讲评 10min。

（三）实施过程

（1）教师讲解（依次讲解袋泡茶的分类、质量要求及审评要点）。

（2）教师展示（依次展示各种茶类的袋泡茶,观察包装后打开过滤纸看茶）。

（3）教师演示审评操作同时强调审评要点。

（4）学生动手开汤审评。

（5）学生将整理审评室。

【项目评价】

袋泡茶审评项目评价考核评分如表 3 - 3 所示。

表 3 - 3　　　　　　　　　　袋泡茶审评项目评价考核评分表

分项	内容	满分	自评分 (10%)	组内互评分 (10%)	组间互评分 (10%)	教师评分 (70%)	单项实际得分
1	袋泡茶的分类	30					
2	认识袋泡茶的程度	40					
3	审评操作规范程度	10					
4	综合表现	20					
	合计	100					

【项目作业】

根据实训结果填写茶叶审评单并上交。

【项目拓展】

开发多样化的袋泡茶时应该注意哪些问题?

项目三 速溶茶审评

【项目要求】

了解速溶茶基本知识;认识速溶茶的质量要求;掌握速溶茶的审评方法。

【项目理论及分析】

速溶茶是一类速溶于水,水溶后无茶渣的茶叶饮料,具有快泡、方便、卫生、可热饮、可冷饮、四季皆宜的特点。

(一)速溶茶的分类

速溶茶可分为纯茶速溶茶和调味速溶茶两种。

调味速溶茶是在速溶茶基础上,用速溶茶、糖、香料、果汁等配制成的一类混合茶,其典型成分有速溶茶、糖、柠檬酸、植物酸、维生素 C、食用色素、天然柠檬油、磷酸三钙,并以丁基羟基茴香醚(BHA)作防腐剂。速溶茶原料来源广泛,既可用鲜叶直接加工,又可用成品茶或茶叶副产品再加工而成。

(二)速溶茶的审评

速溶茶品质重视香味、冷溶度、造型和色泽。审评方法目前尚未统一,仍以感官审评为主。

1. 外形审评

外形评比形状和色泽。形状有颗粒状、碎片状和粉末状。不管那种形状的速溶茶,其外形颗粒大小和疏松度是鉴定速溶性的主要物理指标,最佳的颗粒直径为 200～500μm,具有 200μm 以上的需达 80%,150μm 以下的不能超过 10%。一般体积质量在 0.06～0.17g/mL,疏松度以 0.13g/mL 最佳。这样的造型,外形美观疏松,速溶性好,造型过小溶解度差,过大松泡易碎,颗粒状要求大小均匀,呈空心疏松状态,互不粘结,装入容器内具有流动性,无裂崩现象。碎片状要求片薄而卷曲,不重叠。速溶茶最佳,含水量在 2%～3%,存放室内相对湿度最好在 60% 以下,否则容易吸潮结块,影响速溶性,含水量低的速溶性好。色泽要求速溶红茶为红黄、红棕或红褐色,速溶绿茶呈黄绿色或绿亮,都要求鲜活有光泽。

2. 内质审评

迅速称取 0.75g 速溶茶两份(按制率 25% 计算,相当于 3g 干茶),置干燥而透明的玻璃杯中,分别用 150mL 冷开水(15℃左右)和沸水冲泡,审评速溶性、汤色和香味。

速溶性指在 10℃ 以下和 40～60℃ 条件下的迅速溶解特性,溶于 10℃ 以下者称为冷溶速溶茶;溶于 40～60℃ 者称为热溶速溶茶。凡溶解后无浮面和沉底现象,为速溶性好,可作冷饮用;凡颗粒悬浮或呈块状沉结杯底者,冷溶度差的只能作热饮。汤色要求冷泡清澈,速溶红茶红亮或深红明亮,速溶绿茶要求黄绿明亮或绿明亮。热泡要求清澈透亮,速溶红茶红艳,速溶绿茶黄绿或绿而鲜艳,凡汤色深暗、浅亮或浑浊的都不符合要求。香味要求具有原茶风格,有鲜爽感,香味正常,无馊酸气,陈气及其他异味,调味速溶茶按添加剂不同而异,如柠檬速溶茶除具有天然柠檬香味,还有茶味,甜酸适合,无柠檬的涩味,无论何种速溶茶,不能有其他化学合成的香精气味。

【项目步骤及实施】

（一）地点

茶叶审评室。

（二）课时及安排

2个课时，共90min，其中教师讲解并展示不同档次、不同类别的速溶茶40min，学生分组审评40min，考核讲评10min。

（三）实施过程

（1）教师讲解（依次讲解速溶茶的分类、质量要求及审评要点）。

（2）教师展示（依次展示各种茶类的速溶茶）。

（3）教师演示审评操作同时强调审评要点（审评项目包括外形审评和内质审评）。

（4）学生审评。

（5）学生将整理审评室。

【项目评价】

速溶茶审评项目评价考核评分如表3-4所示。

表3-4　　　　　　　　速溶茶审评项目评价考核评分表

分项	内容	满分	自评分 （10%）	组内互评分 （10%）	组间互评分 （10%）	教师评分 （70%）	单项实际 得分
1	速溶茶的分类	30					
2	认识速溶茶的程度	40					
3	审评操作规范程度	10					
4	综合表现	20					
	合计	100					

【项目作业】

根据实训结果填写茶叶审评单并上交。

【项目拓展】

课堂外查阅相关资料，认识速溶茶的发展历程。

项目四　液态茶饮料审评

【项目要求】

认识液态茶饮料，了解液态茶饮料的分类及液态茶饮料的相关标准。

【项目理论及分析】

茶饮料是将原料茶经过水浸提、过滤、澄清后制成的茶提取物（水提取液或其浓缩液、茶粉）为原料，再分别加入水、糖液、酸味剂、食用香精、果汁、乳制品、植物提取物等辅料调制加工而成的液体饮料。

（一）茶饮料的分类

茶饮料按其产品风味不同，可分为纯茶饮料、调味茶饮料、复合茶饮料和茶浓缩液四类。目前市场销售以调味茶为主，约占茶饮料市场份额的80%。

1. 纯茶饮料

以原料茶的水提取液或其浓缩液、茶粉等为原料，经加工而成的保持原料茶应有风味的液体饮料，可添加少量的食糖和甜味剂。

2. 调味茶饮料

以原料茶的水提取液或浓缩液、茶粉等为原料，加入糖、酸、果味物质、奶茶、奶味茶和其他调味茶饮料。

3. 复合茶饮料

以茶叶和植物的水提取液或其浓缩液、茶粉等为原料，加入糖液、酸味剂等辅料调制而成的，具有茶与植物混合风味的液态饮料。

4. 茶浓缩液

选用优质茶为原料，通过浸提、过滤、浓缩等现代加工技术而成的液态制品，加水复原后具有原茶汁应有的风味，适合调配纯茶或低糖饮料，也可作为食品添加剂使用。

（二）茶饮料相关标准

我国袋泡茶早期发展因缺少产品标准规范，导致市场上袋泡茶质量鱼龙混杂，极大地影响了茶饮料市场的健康发展。为此，2004年5月我国开始实施国家标准GB 19296—2003《茶饮料卫生标准》，对茶饮料的卫生指标提出了明确的要求。2008年11月我国又修订并实施了国家标准GB/T 21733—2008《茶饮料》，对不同类型茶饮料提出了相关技术要求，特别是对茶的主要指标成分茶多酚、咖啡碱的含量做出了明确规定，并禁止使用茶多酚、咖啡碱作为原料调制茶饮料。

【项目步骤及实施】

（一）地点

茶叶审评室

（二）课时及安排

2个课时，共90min，其中教师讲解并展示不同档次、不同类别的液态茶30min，学生分组审评40min，考核讲评20min。

（三）实施过程

（1）教师讲解（依次讲解茶饮料的分类、质量要求）。

（2）教师展示（依次展示各种茶饮料）。

（3）教师演示审评操作同时强调审评要点。

（4）学生审评。

（5）学生将整理审评室。

【项目评价】

液态茶饮料项目评价考核评分如表3-5所示。

表 3 – 5 液态茶饮料项目评价考核评分表

分项	内容	满分	自评分 （10%）	组内互评分 （10%）	组间互评分 （10%）	教师评分 （70%）	单项实际 得分
1	茶饮料的分类	30					
2	茶饮料的质量要求	40					
3	茶饮料相关标准	10					
4	综合表现	20					
	合计	100					

【项目作业】

国家针对茶饮料颁发了哪些标准？其中对哪些项目做了规定？

【项目拓展】

请调查本省茶饮料消费状况。

模块二 茶叶标准样基础知识

项目一 茶叶标准样的认识

【项目要求】

认识茶叶标准样,知道茶叶标准样的定义和作用。

【项目理论及分析】

茶叶标准样是指具有足够的均匀性、能代表茶叶产品的品质特征和水平、经过技术鉴定并附有感官品质和理化数据说明的茶叶实物样品。根据各类茶叶品质规格等级的要求制订的各类茶叶统一的实物标准样茶,是茶叶外形、内质、等级等品质审评的参比物。为了使茶叶感官审评结果具有客观性和普遍性,设置茶叶标准样(实物标准样)是十分必要的。

感官审评是通过细致的比较来鉴别茶叶品质的优劣、质量等级高低,需要在有茶叶标准样的条件下进行比较、分析,才能得出客观、正确的结论,通俗地说:"不怕不识货,只怕货比货"。因此,感官审评一般"不看单个茶样"。对照茶叶标准样进行茶叶感官审评,即为"对样评茶"。对样评茶具有评定茶叶质量等级(目前,用化学方法还难以做到)、茶叶品质优劣、鉴别真假茶(如真假西湖龙井茶)、确定茶叶价格(按质论价,好茶好价)等作用,用于茶叶收购、茶叶精制加工、产品调拨、进货和出口成交验收。制定茶叶标准样有利于保证产品质量、保障消费者的利益、按质论价、监督产品质量,有利于企业控制生产与经营成本、提高产品在国内外市场上的信誉。

茶叶标准样主要分毛茶收购标准样和精制茶标准样(外销茶、内销茶、边销茶和各类茶的加工验收标准样)。

(一)毛茶收购标准样

现在全国性的毛茶收购标准样基本上无部门制定。地方一级的标准样也很少制定,个别地方由茶叶行业协会或质量技术监督局制定有一些名茶标准样。将来,茶叶实物标准样应由企业自己制定。

(二)精制茶标准样

精制茶标准样主要有外销茶、内销茶、边销茶和各类茶的加工验收标准样。在外销茶方面,中国是绿茶出口大国,出口量居世界第一。

(三)企业标准样

按企业生产的种类、生产日期、级别进行排队,然后用国家标准样或行业标准样进行对比,品质水平相当的归入同级。在确定企业标准样时,同级茶叶,企业品质水平要高于行业标准或国家标准(图3-4)。

(1) 茶叶标准样

(2) 标准样陈列室

图 3 - 4　茶叶标准样及其陈列室

【项目步骤及实施】

（一）项目步骤

（1）实训开始。

（2）观察茶样室。

（3）认识各类茶叶的标准样。

（4）将茶叶标准样放回原位,并摆放整齐。

（5）实训结束。

（二）项目实施

实训授课 2 学时,共计 90min,其中教师示范讲解 50min,学生分组练习 30min,考核 10min。地点在茶样实训室或多媒体教室。

分组方案:每组 4 人,一人任组长。

实施原则:独立完成,组内合作,组间协作,教师指导。

【项目预案】

计划经济时期,毛茶收购标准样的审批实行统一领导分级管理的办法。一般产量较大、涉及面较广的主要茶类及品种,由商业部管理,称为部标准;产量较少而有一定代表性的品种,由省主管部门管理,称为省标准。毛茶收购标准样茶每年换配新样,换制的小样,由省茶叶经营单位邀请省级有关部门和产区代表,根据规定的标准品质水平会同审查,如属部标准,上报商业部核批;如属省标准,由省主管业务部门核批。为了加强毛茶收购标准样的管理,有的省由物委、农业、供销、外贸、计量、商检、院校、科研、茶叶公司等省级单位组成全省茶叶鉴评委员会,负责对部管毛茶标准小样的初审,对省管标准小样的审核,对各类毛茶收购标准大样的核对,研究有关本省毛茶标准样的事项和协商处理毛茶收购审评中有关问题。毛茶标准样由商业部管理的有红毛茶 9 套、绿毛茶 23 套、黑毛茶 5 套、乌龙毛茶 2 套、黄毛茶 1 套,共计 40 套。由各省管理的约有 112 套。

【项目评价】

茶叶标准样认识项目评价考核评分如表 3 - 6 所示。

表 3－6　　　　　　　　　茶叶标准样认识项目评价考核评分表

分项	内容	满分	自评分（10%）	组内互评分（10%）	组间互评分（10%）	教师评分（70%）	单项实际得分
1	茶样室观察	40					
2	认识各种标准样	40					
3	综合表现	20					
	合计	100					

【项目作业】

（1）茶叶标准样的要求是什么？

（2）茶叶标准样的分类是什么？

【项目拓展】

分析茶叶标准样在实际生产中的作用。

项目二　茶叶标准样的制作

【项目要求】

通过本项目的学习,熟悉大宗茶类实物标准样的设置;能根据实际情况,准备相应的文字标准和实物标准样。

【项目理论及分析】

（一）熟悉各级实物标准样的档次和水平

一般红毛茶、绿毛茶实物标准样的制作是以鲜叶原料为基础的,而鲜叶原料又以芽叶的嫩度为主体,从嫩到老的一条品质线上,根据生产时间和合理给价的需要,可以划分为5～7个级。一级标准样,通常以一芽一、二叶原料为主体;二级、三级标准样,通常以一芽二、三叶原料为主体,并有相应嫩度的对夹叶;四级、五级标准样通常以一芽三、四叶和相应嫩度的对夹叶为主体;六级和六级以下的标准样,一般以对夹叶或较粗大的一芽三、四叶所组成,也就是说原料嫩度是划分红绿毛茶品质、等级的基础。

（二）准备实物标准样和文字标准

首先根据来样的茶叶类型,确定适用哪一大茶类的标准,是红茶类或绿茶类或乌龙茶类等,其次根据客户的要求或客户认可的标准来准备相应类别的文字标准和实物标准样。我国现行的茶叶标准按标准管理权限和范围不同,有国家标准、行业标准、地方标准和企业标准四大类,如果企业已制定了企业标准,则应按企业标准对来样进行审评和判定。在准备实物标准样时须注意,由于茶叶实物标准样往往采用预留上一年的生产样或销售样作为当年制作实物标准样的原料,其内质往往已陈华,香气、汤色、滋味等因子已无可比性,因此在实际对样评茶时,外形按实物标准样进行定等定级,内质按叶定嫩匀度定等定级,香气、滋味、汤色等因子应采用相应的文字标准作为对照。文字标准是实物标准样的补充。

【项目步骤及实施】

（一）项目步骤

（1）实训开始。

（2）学习制作茶叶标准样。

（3）实训结束。

（二）项目实施

实训授课 2 学时，共计 90min，其中教师示范讲解 50min，学生分组练习 30min，考核 10min。地点在茶样实训室或多媒体教室。

分组方案：每组 4 人，其中一人任组长。

实施原则：独立完成，组内合作，组间协作，教师指导。

【项目预案】

（一）茶叶标准样的使用保存

茶叶标准样在不使用时要注意正确保管，一股应有专人负责。茶样应放置在无直射光，室温 5℃ 以下，相对湿度 50% 以下的无异味环境中。在开启使用茶叶标准样时，应先将茶样罐中的标准样茶全部倒在分样盘中，拌匀后按。对角四分法。分取适宜数量，置入评茶盘中作为评茶对照样，其余标准样茶倒回原罐。标准样使用完毕后，必须及时装罐，装罐前应先核对清楚茶样与茶罐的对应级别，再依次将茶倒入茶罐中。另外，标准样一经批准，即具有法律效力，任何人不得更改。因此，在使用时不能拣去梗、朴、片等，以免走样。我国现行的茶叶标准按标准管理权限和范围的不同，分为国家标准、行业标准、地方标准和企业标准四大类，在使用标准样审评时，如果企业已制定了企业标准样，则应按照企业标准样进行审评。

（二）标准样的制备与换配

茶叶标准样的制定与换配的时间通常是在当年六月份进行，此时距春茶采收结束不久，茶叶种类数量都很丰富，茶样采集的可选范围较广。所制标准样经审查批准后第二年方可使用。茶叶标准样有效期为 1~3 年。茶叶标准样到期后应及时进行更换。茶叶标准样的制备流程主要是原料选择—原料整理—试拼小样—审定—拼大样等（具体参见 GB/T 18795—2012《茶叶标准样品制备技术条件》）。

【项目评价】

茶叶标准样制作项目评价考核评分如表 3-7 所示。

表 3-7　　　　　　　　　茶叶标准样制作项目评价考核评分表

分项	内容	满分	自评分 （10%）	组内互评分 （10%）	组间互评分 （10%）	教师评分 （70%）	单项实际 得分
1	观察茶叶标准样	40					
2	制作各种茶叶标准样	40					
3	综合表现	20					
	合计	100					

【项目作业】

(1)茶叶标准样的定义及作用是什么?

(2)茶叶标准样的种类有哪些?

【项目拓展】

(1)制作一种大宗茶的标准样。

(2)了解茶叶拼配技术。

茶叶拼配技术

所谓茶叶拼配,是指通过评茶人员的感官经验和拼配技术把具有一定的共性而形质不一的产品,择其长短、或美其形、或匀其色、或提其香、或浓其味,拼合在一起的操作;对部分不符合拼配要求的茶叶,则通过筛、切、扇或复火等措施,使其符合要求,以达到货样相符的目的。茶叶拼配是一种常用的提高茶叶品质、稳定茶叶内质、扩大货源、增加数量、获取较高经济效益的方法。

1. 拼配的准则

(1)外形相像　有人认为,"像"就是以围绕成交样为中心,控制在上下5%以内。这种把成交样作为中间样的理解是不对的。也有人认为,"像"就是一模一样,完全一致,这种认识也不符合茶叶商品实际。严格地说,绝对相像的茶叶是没有的,只有相对相像的茶叶。

(2)内质相符　茶叶的色、香、味要与成交样相符。例如,成交样是春茶,交货样不应是夏秋茶。成交样是单一地区(如祁红),交货样不应是各地区的混合茶。

(3)品质稳定　拼配茶叶只有长期稳定如一,才能得到消费者的认可和厚爱,优质才能优价。

(4)成本低廉　在保证拼配质量的同时,应不高于拼配目标成本,这样才有利于销售价的稳定。

(5)技术管理　在拼配中的技术管理尤其要做到样品具有代表性,拼堆要充分拌匀,拼堆环境要保证场地清洁、防潮,预防非茶类夹杂物混入、异味侵入等。

2. 技术要点

(1)看准茶叶样品　茶叶常用的样品有三种:

一是标准样,是国家颁发的样品,每五年更换一次;

二是参考样,是根据本厂的传统风格,选用当年新茶在标准样的基础上制作的样品;

三是贸易样,是供求双方协定的对品质要求的样品。各种样品都有一定的质量规格要求。

因此,对样品的条索、色泽、汤色、香气、滋味、叶底六个因子要进行全面、详细地分析。如样品外形的轻重、长短、大小、粗细,上、中、下段茶的比例;香气的强弱、长短,属何种香型;滋味的浓淡、厚薄、醇涩、鲜陈等,都必须牢牢掌握。

(2)做到心中有数

一是对毛茶的原料来源要心中有数;

二是对毛茶质量情况要心中有数;

三是对拼配数量多少要心中有数。

要掌握拼配"三种茶"的关系。茶叶拼配有三种茶,即基准茶、调剂茶和拼带茶,必须处理好三者之间的关系。

3. 过程与方法

(1)扦取茶样　按比例扦取半成品茶茶样,用标签填好每筛号茶的批次、型号、数量等。茶样扦取要有代表性,数量要准确。

(2)复评质量　对扦取的各筛号茶茶样应重新进行质量鉴定,该升级的就升级使用,该降级的就降级使用;不符合规格的,应在鉴定单上注明改进措施,退回车间重新处理。

(3)拼配小样　先按比例称取中段茶拼配,然后才拼入上、下段茶,最后拼入拼带茶。各筛号茶的拼配比例多少是根据标准样的品质要求而定。拼配时要边拼边看,使各筛号茶拼配比例恰到好处。

(4)对照样品　将拼成的小样与标准样对照,认真分析质量的各项因子,若发现某项因子高于或低于标准样,必须及时进行适当调整,使之完全符合标准样。

(5)通知匀堆　小样符合标准后,要开出匀堆通知单,通知车间匀堆。匀堆时,要扦取大堆样与小样对比是否符合,若大小样不符,应拼入某些不足部分,使其相符。

模块三　评茶记分与劣质茶识别

项目一　双杯找对审评法

【项目要求】

掌握茶叶双杯找对审评技术的基本程序和操作方法。

【项目理论及分析】

双杯找对评茶技术知识:在不干看外形和观察杯中叶底的条件下,将同一种茶叶进行双杯冲泡,一般以三只茶样为宜,然后打乱杯碗次序,审评人员凭灵敏的嗅觉和味觉找出相同茶样的杯碗,并按质量高低排序。

双杯找对审评技术主要考察审评人员的嗅觉辨别能力和味觉辨别能力。

【项目步骤及实施】

(一)实训地点

茶叶审评实训室。

(二)课时安排

实训授课 2 学时,共计 90min,其中教师讲解 10min,学生分组练习 50min,考核 30min。

(三)项目步骤

(1)实训开始。

(2)备具　样茶盘、评茶杯碗、叶底盘、茶匙、天平、定时钟、烧水壶等。

(3)备样　三个不同品种的名优绿茶各 200g,或近似品质的三种茶叶各 200g。

(4)扦样。

(5)开汤　三种茶在同一条件下各开汤两杯,分别在审评杯底部编号 AABBCC,在审评碗底部编号 aabbcc。一一对应。

(6)分香气组和滋味组将审评杯碗打乱顺序。

(7)被考核人在不知道顺序的前提下嗅香气,完成香气找对;尝滋味,完成滋味找对。

(8)排队。

(9)揭秘。

(10)实训结束。

【项目预案】

略。

【项目评价】

双杯找对审评项目评价考核评分,如表 3 - 8 所示。

表 3 - 8 双杯找对审评项目评价考核评分表

分项	内容	满分	自评分 (10%)	组内互评分 (10%)	组间互评分 (10%)	教师评分 (70%)	单项实际 得分
1	是否编码	20					
2	香气找对	30					
3	滋味找对	30					
4	项目设计	20					
	合计	100					

【项目作业】

设计一组找对考核项目。

项目二 对样评茶法(七档制评茶记分法)

【项目要求】

掌握对样评茶法(七档制评茶记分法)审评茶叶品质。

【项目理论及分析】

对样评茶就是对照某一特定的标准样品来评定茶叶的品质。茶叶产、供、销主管部门制定的毛茶标准样、加工标准样和贸易标准样等都是评定茶叶品质高低的实物依据。在对样评茶中,必须对茶叶的外形、内质等各项品质因子进行认真审评,才能作出正确的结论。对样评茶,就我国应用范围来说,大体可分两类。一类用于产、供、销的交接验收,其评定结果作为产品交接时定级计价的依据。这种对样评茶,是以各级标准样为尺度,根据产品质量的高低,评定出相应的级价。符合标准样的,评以标准级,给予标准价;高或低于标准样的,按其质差的幅度大小,评出相应的级价。因此,并不强求产品品质与对照样相符,级价也按品质高低上下浮动。例如,毛茶标准样、加工标准样就属这一类。另一类是用于质量控制或质量监管的,其评定结果作为货样是否相符的依据。这种对样评茶,应以标准样为准、交货品质必须与对照样相符,高或低于标准样的都属不符。符合标准样的,评为"合格";不符标准样的,评为"不合格"。因此对样评茶分为级别判定和合格判定,下面识别介绍方法。

(一)级别判定

对照一组标准样品,比较未知茶样品与标准样品之间某一级别在外形和内质的相符程度(或差距)(式 3 - 1)。

级别判定公式:未知样品的级别 = (外形级别 + 内质级别) ÷ 2 (式 3 - 1)

(二)合格判定

以成交样或(贸易)标准样相应等级的色、香、味、形的品质要求为水平依据,按规定的审评因子(大多数为八因子,如表 3 - 9 所示)和审评方法,将生产样对照(贸易)标准样或成交样逐项对比审评,判断结果按"七档制"(如表 3 - 10 所示)方法进行评分。

表 3 - 9　　　　　　　　　　　　　各类成品茶品质审评因子表

茶类	外形				内质			
	形状 A_1	整碎 B_1	净度 C_1	色泽 D_1	香气 E_1	汤色 F_1	滋味 G_1	叶底 H_1
红茶	√	√	√	√	√	√	√	√
绿茶	√	√	√	√	√	√	√	√
乌龙茶	√	√	√	√	√	√	√	√
白茶	√	√	√	√	√	√	√	√
黑茶	√	√	√	√	√	√	√	√
黄茶	√	√	√	√	√	√	√	√
花茶	√	√	√	√	√	√	√	√
袋泡茶	√	√	√	√	√	√	√	√
粉茶	√	×	√	√	√	√	√	×

注:√为审评因子,×为非审评因子。

表 3 - 10　　　　　　　　　　　　　七档制审评方法

七档制	评分	说明
高	+3	差异大,明显好于标准样
较高	+2	差异较大,好于标准样
稍高	+1	差异不大,稍好于标准样
相当	0	与标准样相当
稍低	-1	差异不大,稍差于标准样
较低	-2	差异较大,差于标准样
低	-3	差异大,明显差于标准样

茶叶审评总得分

$$Y = A_1 + B_1 + C_1 + D_1 + E_1 + F_1 + G_1 + H_1$$

式中　　　　Y——茶叶审评总分

A_1、B_1、…、H_1——各审评因子得分

结果判定:任何单一审评因子中得 -3 分者判为不合格;总得分 ≤ -3 分者为不合格。

【项目步骤及实施】

(一)实训地点

茶叶审评实训室。

(二)课时安排

实训授课 2 学时,共计 90min,其中教师讲解 10min,学生分组练习 50min,考核 30min。

(三)项目步骤

(1)实训开始。

(2)备具　样茶盘、评茶杯碗、叶底盘、茶匙、天平、定时钟、烧水壶等。

（3）备样　选择相近的两种绿茶或红茶等，分别编号 A 和 B，假设 A 为标准样，B 为贸易样，对贸易样 B 进行结果判断的打分练习。

（4）扦样。

（5）开汤　A 和 B 分别进行对比，对贸易样 B 外形的形状、整碎、净度、色泽和内质的香气、汤色、滋味、叶底逐项进行七档制审评打分。

（6）将各因子的分数加起来得到茶叶审评总分。

（7）结果判定：任何单一审评因子中得 -3 分者判为不合格；总得分 ≤ -3 分者为不合格。

（8）实训结束。

【项目预案】

略。

【项目评价】

对样评茶法项目评价考核评分如表 3 - 11 所示。

表 3 -11　　　　　　　　对样评茶法项目评价考核评分表

分项	内容	满分	自评分 （10%）	组内互评分 （10%）	组间互评分 （10%）	教师评分 （70%）	单项实际 得分
1	项目设计	20					
2	外形打分	30					
3	内质打分	30					
4	结果计算判定	20					
	合计	100					

【项目作业】

简述对样评茶的方法。

项目三　名优茶审评记分法

【项目要求】

掌握名优茶审评记分法审评茶叶品质。

【项目理论及分析】

名优茶评比记分一般采用百分制，即对各审评因子分别按百分制记分，将各因子的得分分别与相应的品质系数相乘，再将各个换算后的得分相加，就获得该只茶样的最后得分。

不同茶叶品质的顺序排列样品应在两只以上，评分前工作人员对茶样进行分类、密码编号，审评人员在不了解茶样来源、密码编号条件下进行盲评。

（一）评分形式

评分形式可分为独立评分和集体评分。独立评分是指整个审评过程由一位或者多位评茶员独立完成；集体评分是指整个审评过程由三位或者三位以上（奇数）评茶员一起完成。

参加审评的人员组成一个审评小组,推荐其中一人为主评。审评过程中由主评先评出分数,其他人员根据品质标准对主评出具的分数进行修改与确认,对观点差异较大的茶进行讨论,最后共同确定分数,如有争论,投票决定。

(二)评分方法

根据审评知识与品质标准,按外形、汤色、香气、滋味和叶底"五因子",采用百分制,在公平、公正条件下给每个茶样每项因子进行评分,并加注评语,评语应引用 GB/T 14487—2008《茶叶感官审评术语》中的术语。

(三)分数确定

每个评茶员所评的分数相加的总和除以参加评分的人数即得到该只茶样的最终得分。当独立评分人数达到五人以上时,可在评分结果中去除一个最高分和一个最低分。

在审评中记分时,可以将各因子按品质的甲、乙、丙将其分为 3 档,分别以 94、84、74 为中准分。再按照各档次的分数区间打分。甲档 90～99 分,乙档 80～89 分,丙档 70～79分。

(四)结果计算

茶叶审评总得分:

$$Y = A \times a + B \times b + C \times c + D \times d + E \times e$$

式中　A、B、C、D、E——各项因子的得分

　　　a、b、c、d、e——各项因子的评分系数

各类茶审评评分参考详见本项目的"项目预案。"

(五)结果评定

根据计算结果审评的名次按分数从高到低的次序排列。

如遇分数相同者,则按"滋味→外形→香气→汤色→叶底"的次序比较单一因子得分的高低,高者居前。

【项目步骤及实施】

(一)实训地点

茶叶审评实训室。

(二)课时安排

实训授课 10 学时,每次 2 学时,共计 90min,其中教师讲解 10min,学生分组练习 50min,考核 30min。

(三)项目步骤

(1)实训开始。

(2)备具　样茶盘、评茶杯碗、叶底盘、茶匙、天平、定时钟、烧水壶等。

(3)备样　不同茶类的样品约 30 种,必须包括六大茶类和再加工茶类,每次审评 2～6个茶样。

(4)把盘评外形,记分。

(5)扦样。

(6)开汤　评内质汤色、香气、滋味、叶底,并记分。

(7)按照 $Y = A \times a + B \times b + C \times c + D \times d + E \times e$ 算分。

（8）评价。

（9）收样、收具。

（10）实训结束。

【项目预案】

各类茶评项目评分参考如表 3-12、表 3-13、表 3-14、表 3-15、表 3-16、表 3-17、表 3-18、表 3-19、表 3-20、表 3-21、表 3-22、表 3-23 所示。

表 3-12   名优绿茶评分参考表

因子	档次	品质特征	评分	系数
外形(a)	甲	细嫩，以单芽到一芽二叶初展或相当嫩度的单片为原料，造型美且有特色，色泽嫩绿或翠绿或深绿，油润，匀整，净度好	90~99	
	乙	较细嫩，造型较有特色，色泽墨绿或黄绿，较油润，尚匀整，净度较好	80~89	25%
	丙	嫩绿稍低，造型特色不明显，色泽暗褐或陈灰或灰绿或偏黄，较匀整，净度尚好	70~79	
汤色(b)	甲	嫩绿明亮，浅绿明亮	90~99	
	乙	尚绿明亮或黄绿明亮	80~89	10%
	丙	深黄或黄绿欠亮或浑浊	70~79	
香气(c)	甲	嫩香、嫩栗香、清高、花香	90~99	
	乙	清香、尚高、火工香	80~89	25%
	丙	尚纯、熟闷、老火或青气	70~79	
滋味(d)	甲	鲜醇、甘鲜、醇厚鲜爽	90~99	
	乙	清爽、浓厚、尚醇厚	80~89	30%
	丙	尚醇、浓涩、青涩	70~79	
叶底(e)	甲	细嫩多芽、嫩绿明亮、匀齐	90~99	
	乙	嫩匀、绿明亮、尚匀齐	80~89	10%
	丙	尚嫩、黄绿、欠匀齐	70~79	

表 3-13   普通（大宗）绿茶评分参考表

因子	档次	品质特征	评分	系数
外形(a)	甲	以一芽二叶出展到一芽二叶为原料，造型有特色，色泽较嫩绿或翠绿或深绿，油润，匀整，净度好	90~99	
	乙	较嫩，以一芽二叶为主为原料，造型较有特色，色泽墨绿或黄绿，较油润，尚匀整，净度较好	80~89	20%
	丙	嫩度稍低，造型特色不明显，色泽暗褐或陈灰或灰绿或偏黄，较匀整，净度尚好	70~79	

续表

因子	档次	品质特征	评分	系数
汤色(b)	甲	绿明亮	90～99	
	乙	尚绿明亮或黄绿明亮	80～89	10%
	丙	深黄或黄绿欠亮或浑浊	70～79	
香气(c)	甲	高爽有栗香或略有嫩香或带花香	90～99	
	乙	清香、尚亮、火工香	80～89	30%
	丙	尚纯、略熟闷、老火	70～79	
滋味(d)	甲	鲜醇、醇厚鲜爽	90～99	
	乙	清爽、浓厚、尚醇厚	80～89	30%
	丙	尚醇、浓涩、青涩	70～79	
叶底(e)	甲	嫩匀多芽,尚嫩绿明亮、匀齐	90～99	
	乙	嫩匀略有芽,绿明亮、尚匀齐	80～89	10%
	丙	尚嫩、黄绿、欠匀齐	70～79	

表 3 – 14 **乌龙茶评分参考表**

因子	档次	品质特征	评分	系数
外形(a)	甲	重实、壮结,品种特征或地域特征明显,色泽油润,匀整,净度好	90～99	
	乙	较重实、较壮结,有品种特征或地域特征,尚重实,色润,较匀整,净度尚好	80～89	20%
	丙	尚紧实或尚壮实,带有黄片,色欠润,欠匀整,净度稍差	70～79	
汤色(b)	甲	色度因加工工艺而定,可从蜜黄加深到橙红,但要求清澈明亮	90～99	
	乙	色度因加工工艺而定,较明亮	80～89	5%
	丙	色度因加工工艺而定,多沉淀,欠亮	70～79	
香气(c)	甲	品种特征或地域特征明显,花香,花果香浓郁,香气优雅纯正	90～99	
	乙	品种特征或地域特征尚明显,有花香或花果香,但浓郁与纯正性稍差	80～89	30%
	丙	花香或花果香不明显,略带粗气或老火香	70～79	
滋味(d)	甲	浓厚甘醇或醇厚滑爽	90～99	
	乙	浓醇较爽	80～89	35%
	丙	浓尚醇,略有粗糙感	70～79	
叶底(e)	甲	做青好,叶质肥厚软亮	90～99	
	乙	做青较好,叶质较软亮	80～89	10%
	丙	稍硬,青暗,做青一般	70～79	

表 3 – 15   **工夫红茶评分参考表**

因子	档次	品质特征	评分	系数
外形(a)	甲	细紧或紧结重实,露毫有锋苗,色乌黑油润或棕褐油润显金毫,匀整,净度好	90 ~ 99	25%
	乙	较细紧或紧结,稍有毫,较乌润,匀整,净度较好	80 ~ 89	
	丙	紧实或壮实,尚乌润,尚匀整,净度尚好	70 ~ 79	
汤色(b)	甲	红明亮	90 ~ 99	10%
	乙	尚红亮	80 ~ 89	
	丙	尚红欠亮	70 ~ 79	
香气(c)	甲	嫩香,嫩甜香,花果香	90 ~ 99	25%
	乙	高,有甜香	80 ~ 89	
	丙	纯正	70 ~ 79	
滋味(d)	甲	鲜醇或甘醇	90 ~ 99	30%
	乙	醇厚	80 ~ 89	
	丙	尚醇	70 ~ 79	
叶底(e)	甲	细嫩(或肥嫩)多芽或有芽,红明亮	90 ~ 99	10%
	乙	嫩软、略有芽,红尚亮	80 ~ 89	
	丙	尚嫩,多筋,尚红亮	70 ~ 79	

表 3 – 16   **黑茶(散茶)评分参考表**

因子	档次	品质特征	评分	系数
外形(a)	甲	肥硕或壮结、显毫、形态美,色泽油润,匀整,净度好	90 ~ 99	20%
	乙	尚壮结或较紧结、有毫,色泽尚匀润,较匀整,净度较好	80 ~ 89	
	丙	壮实或紧实或粗实,尚匀整,净度尚好	70 ~ 79	
汤色(b)	甲	根据后发酵的程度可有红浓、橙红、橙黄色、明亮	90 ~ 99	15%
	乙	根据后发酵的程度可有红浓、橙红、橙黄色、尚明亮	80 ~ 89	
	丙	红浓暗或深黄或黄绿欠亮或浑浊	70 ~ 79	
香气(c)	甲	香气纯正、无杂气味、香高爽	90 ~ 99	25%
	乙	香气较高尚纯正、无杂气味	80 ~ 89	
	丙	尚纯	70 ~ 79	
滋味(d)	甲	醇厚,回味干爽	90 ~ 99	30%
	乙	较醇厚	80 ~ 89	
	丙	尚醇	70 ~ 79	
叶底(e)	甲	嫩软多芽、明亮、匀齐	90 ~ 99	10%
	乙	尚嫩匀略有芽、明亮、尚匀齐	80 ~ 89	
	丙	尚柔软、尚明、欠匀齐	70 ~ 79	

表 3 – 17 　　　　　　　　　　　　　　　压制茶评分参考表

因子	档次	品质特征	评分	系数
外形(a)	甲	形状完全符合规格要求,松紧度适中。肥硬或壮结、显毫、匀、整、净,不分里、面茶、润泽度好	90 ~ 99	25%
	乙	形状符合规定要求,松紧度适中。尚壮结、有豪、尚匀整、润泽度较好	80 ~ 89	
	丙	形状基本符合规定要求、松紧度较适合。壮实或粗实,尚匀,尚润泽	70 ~ 79	
汤色(b)	甲	根据后发酵的程度可有红浓、橙红、橙黄色、明亮	90 ~ 99	10%
	乙	根据后发酵的程度可有红浓、橙红、橙黄色、尚明亮	80 ~ 89	
	丙	红浓暗或深黄或黄绿欠亮或浑浊	70 ~ 79	
香气(c)	甲	香气纯正、高爽,无杂异气味	90 ~ 99	25%
	乙	香气较高尚纯正、无杂异气味	80 ~ 89	
	丙	尚纯、有烟气、微粗等	70 ~ 79	
滋味(d)	甲	醇厚,回味甘爽	90 ~ 99	30%
	乙	尚醇厚	80 ~ 89	
	丙	尚醇	70 ~ 79	
叶底(e)	甲	嫩软多芽,明亮、匀齐	90 ~ 99	10%
	乙	尚嫩匀略有芽,明亮、尚匀齐	80 ~ 89	
	丙	尚软、尚明、欠匀齐	70 ~ 79	

表 3 – 18 　　　　　　　　　　　　　　　白茶评分参考表

因子	档次	品质特征	评分	系数
外形(a)	甲	以单芽到一芽二叶初展为原料,芽毫肥壮,造型美、有特色,白毫显露、匀整、净度好	90 ~ 99	25%
	乙	以单芽到一芽二叶初展为原料,芽较瘦小,较有特色,白毫显,尚匀整,净度好	80 ~ 89	
	丙	嫩度较低,造型特色不明显,色泽暗褐或灰绿,较匀整,净度尚好	70 ~ 79	
汤色(b)	甲	杏黄、嫩黄明亮或浅白明亮	90 ~ 99	10%
	乙	尚绿黄明亮或黄绿明亮	80 ~ 89	
	丙	深黄或泛红或浑浊	70 ~ 79	
香气(c)	甲	嫩香、毫香显	90 ~ 99	25%
	乙	清香、尚有毫香	80 ~ 89	
	丙	尚纯、或有酵气或青气	70 ~ 79	
滋味(d)	甲	毫味明显、甘和鲜爽	90 ~ 99	30%
	乙	醇厚较鲜爽	80 ~ 89	
	丙	尚醇、浓稍涩、青涩	70 ~ 79	
叶底(e)	甲	全芽或一芽二叶完整,软嫩灰绿明亮、匀齐	90 ~ 99	10%
	乙	尚软嫩匀、灰绿尚明亮、尚匀齐	80 ~ 89	
	丙	尚嫩、黄绿有红叶、欠匀齐	70 ~ 79	

表 3 - 19 　　　　　　　　　　　　　　黄茶评分参考表

因子	档次	品质特征	评分	系数
外形(a)	甲	细嫩,以单芽到一芽二叶初展为原料,造型美,有特色,以色泽嫩黄或金黄,油润,匀整,净度好	90~99	25%
	乙	较细嫩,造型较有特色,色泽褐黄或绿带黄,较油润,尚匀整,净度较好	80~89	
	丙	嫩度稍低,造型特色不明显,色泽暗褐或陈灰或灰绿或深黄,较匀整,净度尚好	70~79	
汤色(b)	甲	嫩黄明亮	90~99	10%
	乙	黄尚明亮、黄明亮	80~89	
	丙	深黄或绿黄欠亮或浑浊	70~79	
香气(c)	甲	嫩香、嫩栗香、有甜香	90~99	25%
	乙	高爽、较高爽	80~89	
	丙	尚纯、熟闷、老火或青气	70~79	
滋味(d)	甲	醇厚甘爽、醇爽	90~99	30%
	乙	浓厚、尚醇厚、较爽	80~89	
	丙	尚醇、浓涩、青涩	70~79	
叶底(e)	甲	细嫩多芽,嫩黄明亮、匀齐	90~99	10%
	乙	嫩匀,黄明亮、尚匀齐	80~89	
	丙	尚嫩、黄尚亮、欠匀齐	70~79	

表 3 - 20 　　　　　　　　　　　　　　花茶评分参考表

因子	档次	品质特征	评分	系数
外形(a)	甲	细紧或壮结、多毫或锋苗显露,造型有特色,色泽尚嫩绿或嫩黄、油润,匀整,净度好	90~99	20%
	乙	较细紧或较紧结、有毫或有锋苗,造型较有特色,色泽黄绿,较油润,匀整,净度较好	80~89	
	丙	紧实或壮实,造型特色不明显,色泽黄或黄褐,较匀整,净度尚好	70~79	
汤色(b)	甲	嫩黄明亮,尚嫩绿明亮	90~99	5%
	乙	黄明亮或黄绿明亮	80~89	
	丙	深黄或黄绿欠亮或浑浊	70~79	
香气(c)	甲	鲜灵、浓郁、纯正、持久	90~99	35%
	乙	较鲜灵、浓郁、较纯正、持久	80~89	
	丙	尚浓郁、尚鲜、较纯正、尚持久	70~79	
滋味(d)	甲	甘醇或醇厚,鲜爽,花香明显	90~99	30%
	乙	浓厚或较醇厚	80~89	
	丙	熟、浓涩、青涩	70~79	
叶底(e)	甲	细嫩多芽,黄绿明亮	90~99	10%
	乙	嫩匀有芽,黄明亮	80~89	
	丙	尚嫩、黄明	70~79	

表 3 – 21　　　　　　　　　　　　袋泡茶评分参考表

因子	档次	品质特征	评分	系数
外形(a)	甲	滤纸质量优,包装规范、完全符合标准要求	90 ~ 99	10%
	乙	滤纸质量较优,包装规范、完全符合标准要求	80 ~ 89	
	丙	滤纸质量较差,包装不规范、有欠缺	70 ~ 79	
汤色(b)	甲	色泽依茶类不同,但要清澈明亮	90 ~ 99	20%
	乙	色泽依茶类不同,较明亮	80 ~ 89	
	丙	欠明亮或有浑浊	70 ~ 79	
香气(c)	甲	香高鲜、纯正,有嫩茶香	90 ~ 99	30%
	乙	高爽或较高鲜	80 ~ 89	
	丙	尚纯、熟、老火或青气	70 ~ 79	
滋味(d)	甲	鲜醇、甘鲜、醇厚鲜爽	90 ~ 99	30%
	乙	清爽、浓厚、尚醇厚	80 ~ 89	
	丙	尚醇、浓涩、青涩	70 ~ 79	
叶底(e)	甲	滤纸薄而均匀,过滤性好,无破损	90 ~ 99	10%
	乙	滤纸厚薄较均匀,过滤性较好,无破损	80 ~ 89	
	丙	掉线或有破损	70 ~ 79	

表 3 – 22　　　　　　　　　　　　红碎茶评分参考表

因子	档次	品质特征	评分	系数
外形(a)	甲	嫩度好,锋苗显露,颗粒匀整、净度好,色鲜活油润	90 ~ 99	20%
	乙	嫩度较好,有锋苗,颗粒较匀整,净度较好,色尚鲜活油润	80 ~ 89	
	丙	嫩度稍低,带细茎,尚匀整,净度尚好,色久鲜活油润	70 ~ 79	
汤色(b)	甲	色泽依茶类不同,但要清澈明亮	90 ~ 99	10%
	乙	色泽依茶类不同,较明亮	80 ~ 89	
	丙	欠明亮或有浑浊	70 ~ 79	
香气(c)	甲	香高鲜、纯正,有嫩茶香	90 ~ 99	30%
	乙	高爽或较高鲜	80 ~ 89	
	丙	尚纯、熟、老火或青气	70 ~ 79	
滋味(d)	甲	鲜醇、甘鲜、醇厚鲜爽	90 ~ 99	30%
	乙	清爽、浓厚、尚醇厚	80 ~ 89	
	丙	尚醇、浓涩、青涩	70 ~ 79	
叶底(e)	甲	嫩匀多芽尖,明亮、匀齐	90 ~ 99	10%
	乙	嫩尚匀,尚明亮、尚匀齐	80 ~ 89	
	丙	尚嫩、尚亮、欠匀齐	70 ~ 79	

表 3 - 23 　　　　　　　　　　　　粉茶评分参考表

因子	档次	品质特征	评分	系数
外形(a)	甲	嫩度好、匀净,色鲜活	90 ~ 99	
	乙	嫩度较好、匀净,色尚鲜活	80 ~ 89	10%
	丙	嫩度稍低、较匀净,色欠鲜活	70 ~ 79	
汤色(b)	甲	色彩鲜艳、明亮	90 ~ 99	
	乙	色彩尚鲜艳、尚明亮	80 ~ 89	20%
	丙	色彩较差、欠明亮	70 ~ 79	
香气(c)	甲	嫩香、嫩栗香、清高、花香	90 ~ 99	
	乙	清香、尚高、栗香	80 ~ 89	35%
	丙	尚纯、熟、老火、青气	70 ~ 79	
滋味(d)	甲	鲜醇爽口、醇厚甘爽、醇厚鲜爽,口感细腻	90 ~ 99	
	乙	浓厚、尚醇厚、口感较细腻	80 ~ 89	35%
	丙	尚醇、浓涩、青涩,有粗糙感	70 ~ 79	

【项目评价】

名优茶审评项目评价考核评分如表 3 - 24 所示。

表 3 - 24 　　　　　　　　名优茶审评项目评价考核评分表

分项	内容	满分	自评分 (10%)	组内互评分 (10%)	组间互评分 (10%)	教师评分 (70%)	单项实际 得分
1	审评流程	30					
2	审评术语应用	30					
3	评分准确性	30					
4	审评表整洁度	10					
	合计	100					

【项目作业】

综合评价本项目审评茶叶的品质特征。

项目四　劣质茶的识别

【项目要求】

掌握劣质茶的识别方法。

【项目理论及分析】

茶叶的感官品质表现,是各种内含成分相互作用的结果。而内含成分的形成与变化,常涉及鲜叶原料、加工技术乃至物流包装等各个环节,诸多的因素共同影响着茶叶最终的品质。

不同的茶类间,许多品质弊病和缺陷都有相似之处,但由于要求各异,不同茶类产品的许多品质缺陷和弊病也不尽相同。以下就常见在加工中的一些品质弊病,及其改进、完善和弥补的措施,按照感官品质的审评项目,予以简要介绍。

(一)茶叶外形缺陷及产生原因和改进措施

1. 条索粗松、松散

(1)产生原因　这是条形茶常见的一种不良品质表现,在各大茶类中均存在。其原因主要有以下几条。

①采摘的茶叶原料嫩度差或老嫩不匀、加工工艺难于实现一致的结果,致使条索粗松或松散条混杂其中。

②揉捻工序中适度的加压欠缺、投叶过少,茶条卷紧度不足,造成松散条出现。

③锅炒茶投叶过少、火温过高。由于茶叶水分被快速强迫散发,做形工序要求的收紧时间不够,茶叶被很快干燥固形,导致茶条仍呈似原料般的松散形态。

④红茶萎凋偏轻。

(2)改进措施　针对上述的品质缺陷,可采取的相应改进措施包括以下几条。

①严格控制原料采摘标准,力求采匀。进厂后鲜叶原料按照不同等级分别付制。

②以揉出茶汁、紧卷成条、芽叶不破碎为适度;有选择性地调节揉捻工序的时间、投叶量和压力变化。

③以产品的综合品质为要求,合理安排制作时间和加工工序,并避免为一味追求色泽表现而变动工艺。

④加工条红茶时,萎凋摊叶不可过厚,掌握萎凋适度标准,并根据制作时的情况及时调节萎凋槽风量和萎凋时间。

2. 欠圆浑,带扁

(1)产生原因　各大茶类的机揉条形茶中可能出现的一种外形缺陷表现。原因主要在于揉捻工序。

①揉捻时投叶量过多,揉转不匀,致使茶条不圆不扁,有失整齐。

②加压过早、过重,塑形不当。

(2)改进措施　可采取的相应改进措施包括以下几条。

①按要求调整揉桶中的投叶量,投叶时不能完全压紧压实。

②掌握加压、松压原则,做到适当、适度、适时。

3. 断碎

(1)产生原因　各大茶类普遍存在的品质弊病。原因通常在于以下几条。

①杀青程度过老,含水量太低。

②揉捻过度,压力过重。

③揉捻叶含水量偏高。

④绿茶二青时茶条未受热回软就过早搓揉或锅温过高。

⑤滚条、车色时间过长。

⑥储运过程中受重压。

⑦红茶萎凋偏轻。

（2）改进措施 可采取的相应改进措施包括以下几条。

①控制杀青程度。掌握嫩叶老杀、老叶嫩杀、老而不焦、嫩而不重的原则。

②掌握揉捻适度的原则。

③避免赶时间用重压短时揉捻或一压到底。

④滚条、车色应掌握投料与时间的关系。

⑤合理控制各过程的锅温。

⑥储运中轻拿轻放。

⑦红茶萎凋时间应充足，最短不可少于6h。

4. 团块

（1）产生原因 各种条形茶常见的一种外形弊病表现。形成原因主要在于以下几条。

①杀青扬炒及完成后的摊晾不足，叶片含水量高，芽叶挤压成块。

②揉捻压力过大，加压过早，解块不够均匀彻底。

（2）改进措施 一般采取的改进措施包括以下几条。

①改进解块机滚筒"铺齿"密度。

②杀青叶含水量多时应多扬少闷。

5. 干茶色呈黄白、起泡

（1）产生原因 出现的原因主要有以下几条。

①杀青或炒二三青时火温过高。

②翻炒不匀、欠及时。

（2）改进措施

①高温杀青或炒茶时翻炒应均匀，相应的速度要快。

②机具加热时做到火力均匀，控制火温要先高后低。

6. 红筋红梗

（1）产生原因 这是绿茶产品中出现的缺陷。形成的原因主要有以下几条。

①采摘手法不当，致使新梢断裂处细胞破损过大。

②储运鲜叶堆压过重过久，导致红变。

③杀青时温度低，翻炒不匀不足，叶子受热不足。

④揉捻后未及时干燥或干燥温度低、时间长。

（2）改进措施

①采用恰当的采摘方式。

②储运鲜叶的容器应透气，忌用塑料袋装运。

③采下的鲜叶及时送至茶厂摊放散热。

④鲜叶摊放不宜过厚、过久。

⑤杀青要杀透、杀匀。

⑥揉捻叶应及时干燥。初干温度不低于120℃。

7. 灰暗(枯)

(1)产生原因　在各类茶中均会出现的缺陷。主要原因包括以下几条。

①绿茶加工中揉捻过度、在制品液汁流出过多,致使茶多酚过多氧化。

②绿茶初干温度偏低,炒干时间过长。

③茶叶在潮湿环境中放置时间过长,致使茶叶受潮。

④红茶萎凋过度。

⑤红茶加工揉捻不足或发酵过度。

⑥红茶、青茶干燥温度过高,足干时间偏长。

⑦红茶中粗老原料过多。

⑧青茶茶青偏嫩、晒青过度。

⑨青茶做青过度。

(2)改进措施

①掌握揉捻适度,避免摩擦过度。

②拣剔、包装时注意防潮。

③茶叶从冷库中取出时注意密封,以避免茶叶过早在空气中暴露至冷凝的水分被吸附而受潮。

④红茶萎凋时间不宜过长,一般不应超过18h。

⑤红茶发酵要适度。

⑥红茶、青茶的初干温度不宜超过130℃。

⑦青茶应注意做青过程香气变化及适度。

⑧青茶的干燥工序中烘焙温度由高渐低,中间逐次摊晾。

⑨注意红茶原料嫩度,不宜老、嫩混杂加工。

8. 带黄

(1)产生原因

①绿茶干燥时间过长或火温过高。

②复干机滚条温度过高、时间过长。

③原料嫩度差,杀青叶在制品摊放时间过长、过厚。

④青茶杀青温度过低,时间偏长。

⑤青茶杀青或初干时投叶量过大,水汽不透而闷黄。

⑥包揉的在制品温度过高,包揉处理时间过长。

(2)改进措施

①复炒、滚加热时掌握温度不超过80℃。

②适当调整原料嫩度,控制摊放叶的厚度和时间。

③掌握青茶杀青的时间、温度恰当。

④控制青茶杀青、初干的投叶量。

⑤根据工艺需要控制包揉工序的温度和时间。

9. 露筋、朴

(1)产生原因

①粗老的原料因揉捻(切)不当、表皮破损,茶叶茎梗上的木质部露出。

②混杂在新梢中的老叶因破损呈残片状。

(2)改进措施

①规范采摘标准,把握好原料嫩度的一致性。

②适当调整揉捻的工艺参数。

10. 焦斑、爆点

(1)产生原因　这类较常见的弊病形成原因是加热工序的温度过高使茶叶产生局部炭化,尤其是嫩芽尖和叶缘易被烧焦。

(2)改进措施

①控制投入加工的在制品数量。

②注意机具的运转情况,突出关注加热的均匀性。

11. 花青

(1)产生原因　这一弊病常出现在红茶中。原因有以下几条。

①鲜叶老嫩混杂,致使加工不能一致。

②萎凋、发酵不匀。

(2)改进措施

①合理采摘,老、嫩分采分制。

②揉捻叶解块筛分后,老、嫩叶分别发酵。

12. 红褐发枯

(1)产生原因　属于青茶的外形弊病。产生原因有以下几条。

①晒青过度或高温烫伤。

②做青过度。

③杀青叶高温揉捻。

(2)改进措施

①采用晒青专用工具,摊叶厚度和晒青时间适当,不使晒青茶接触水泥地面。

②做青环境温度应适当,防止做青过度。

③揉捻叶温度不高于40℃。

13. 青绿

(1)产生原因　常见于经过包揉的青茶。产生原因有以下几条。

①原料未晒青或晒青不足。

②做青期间空气湿度大,走水不畅。

③做青发酵不足。

④杀青时间短产生"返青"现象。

(2)改进措施

①原料应及时晒青,并保证晒青时间。

②控制摇青间的温、湿度。

③按品种特性掌握摇青次数和力度。

④杀青要求杀透、杀匀,然后再进行包揉。

（二）汤色常见不足及产生原因和改进措施

1. 深暗

（1）产生原因　形成这种弊病的原因有以下几条。

①因茶叶受潮等原因造成品质陈化，导致颜色加深。

②原料中混杂紫芽紫叶。

③红茶发酵过度。

（2）改进措施

①重视茶叶保鲜，增强保鲜手段的利用。

②加强原料管理，及时剔除已采的不符合要求的原料。

③红茶发酵程度应适宜，防止过度。

2. 沉淀

（1）产生原因　形成这种弊病的原因有以下几条。

①加工中生产者对卫生重视不足，茶叶随意在地上摊放；接触在制品的器具不清洁。

②工艺不当，加工中形成的茶叶细末受热炭化产生沉淀。

（2）设进措施

①保持加工场地与器具的清洁，确保茶叶加工中不落地。

②及时清理加热机具中的在制品积垢。

③根据在制品整碎程度进行筛分，分别炒制。

3. 茶汤泛红

（1）产生原因　造成绿茶茶汤泛红的原因在于叶片细胞内茶多酚氧化。主要原因有以下几条。

①鲜叶采摘后储运处理不当，有叶片堆积、挤压现象。

②杀青温度太低或杀青不足。

③揉捻后摊放过久，未及时干燥。

④干燥温度偏低、投叶太厚，闷黄了干燥叶。

（2）改进措施

①鲜叶储运应轻拿轻放，避免叶片因相互挤压而擦伤。

②杀青要匀透，充分摊晾。

③揉捻叶应及时干燥。

④初干掌握摊薄、高温短时，防止"闷蒸"。

4. 浑浊

（1）产生原因

①揉捻加压过重。

②红茶萎凋偏轻，致使含水量过高。

③在制品加工不及时，相关成分氧化过度或细菌污染变质。

（2）改进措施

①揉捻加压掌握轻—重—轻原则。

②红茶萎凋叶含水量，条形茶不高于60%，碎茶不高于64%。

③按各工序工艺要求及时加工,做到当天原料、当天加工完毕。

(三)香气缺陷及产生原因和改进措施

1. 异气

(1)产生原因 茶叶产品在加工、运输或储存期间遭受污染,吸附非正常茶香的其他气味,致使香气不纯,散发出令人不快的气味。这类污染可能来自加工机具漏烟漏油、包装材料不清洁、与有味的其他物品混合储运、工作人员不当操作以及产品包装密封性欠佳等。

(2)改进措施 要解决这个问题,必须在查清污染源的基础上,有针对性地采取消除措施和预防方法,实现茶叶产品保鲜和避免被污染的目的。

2. 水闷气

(1)产生原因 这种由于"捂水"形成弊病的原因有以下几条。

①采摘雨水叶,未能及时处理叶片表面水分。

②绿茶杀青闷炒过久,杀青不透。

③杀青叶未经摊晾,或摊晾不足直接进行揉捻。

④干燥温度过低,水汽没有充分发散。

⑤青茶做青不足,"走水"不畅,杀青不透,包揉时间太久。

⑥茉莉花茶窨制中通花散热不够,热闷的时间过长。

⑦茉莉花茶窨制时没有用鲜花进行提花;或是虽有提花,但花朵不新鲜。

(2)改进措施

①雨水叶经通风摊放(或用脱水机)去除表面水。

②杀青时适当"扬炒"。

③在制品加工期间各加热工序完成后注意进行摊晾。

④适当提高干燥温度。

⑤青茶做青发酵程度不宜低于20%。

⑥茉莉花茶窨制中做到及时通花散热,避免堆温上升过高。

⑦用适量茉莉鲜花进行提花,可有效降低水闷味。

3. 焦气

(1)产生原因 造成这种弊病是由于在制品吸附叶片炭化时产生的气味。主要原因有以下几条。

①绿茶用滚筒、锅炒方式杀青时有老叶、附着叶混入,且温度过高,致使翻炒不匀。

②绿茶杀青叶因水汽蒸发,带出的茶汁黏着筒(锅)壁持续受高温作用而炭化。

③揉捻后末茶过多,干燥温度太高使之炭化。

④杀青或炒干时出叶不净,造成部分宿叶炭化产生烟焦味。

(2)改进措施

①鲜叶杀青时正确控制加热温度。

②恰当控制干燥温度。

③及时清理筒(锅)壁附着叶。

④揉捻完成后应及时解块并筛分末茶。

4. 熟闷气

（1）产生原因

①低温杀青因闷杀过长闷熟。

②杀青程度太轻,含水量高,杀青叶摊晾时间过长。

③幼嫩的原料在干燥时温度低、时间长,反而散失优良的香气风味,转化形成。

④茶叶产品保鲜不当,受潮陈化形成。

（2）改进措施

①杀青锅充分预热,扬、闷结合。

②杀青时投叶量不可过多。

③合理掌握杀青程度,掌握"嫩叶老杀,老叶嫩杀"的原则。

④炒干温度、时间适当。

⑤加强产品防潮保鲜措施。

5. 生青气

（1）产生原因

①鲜叶不经摊放直接加工。

②绿茶高温短时杀青,闷杀后扬炒不足。

③杀青程度偏轻,杀青不匀不透有青张。

④杀青叶不经揉捻或揉捻程度过轻。

⑤干燥时追求时效,温度过高而时间过短。

⑥红茶萎凋偏轻。

⑦红茶发酵不足、不匀。

⑧青茶晒青和做青不足。

⑨色种茶杀青不透或低温杀青。

（2）改进措施

①鲜叶进行适度摊放。

②适当延长杀青的扬炒时间;扬、闷结合;杀匀杀透,达到适度标准。

③揉捻做形时注意改善青气。

④干燥工序不能片面强调速度。

⑤加工红茶在萎凋时摊叶厚度适当。

⑥避免高温短时萎凋。

⑦发酵时适时通氧,并注意温度控制。

⑧确保青茶晒青和做青完成充分。

⑨色种茶杀青强调完成充分。

6. 酸馊气

（1）产生原因　这种严重的弊病属于变质。产生原因有以下几条。

①鲜叶堆闷过久发热,致使部分原料变质。

②揉捻后在制品摊放过厚。

③红茶发酵后未能及时干燥,堆积过久。

④揉捻、解块、发酵机具不洁,导致在制品被污染。

(2)改进措施

①鲜叶不可堆闷、日晒,及时运送进车间摊放降温。

②红茶加工中发酵温度不得高于26℃。

③红茶加工发酵时防止发酵过度,发酵适度的在制品立即进行干燥。

④每次使用后的揉捻、解块、发酵机具,应及时清洗干净。

7. 陈气

(1)产生原因　由于加工、储存不当,茶叶产品中水分含量过高,内含成分发生不可逆转的化学变化,致使品质严重下降,出现特殊的陈化气味。对绿茶、红茶和青茶等产品而言,陈气意味着饮用价值的严重下降;但是对一些特定茶类,如普洱茶等产品,陈气是一种指标性的品质。

(2)改进措施　要避免陈气出现,需做到以下几点。

①确保产品的干燥程度达到品质要求。

②必须重视保鲜措施。尤其在茶叶产品存放的过程中,应通过综合手段的应用,包括选择适合的包装材料、使用保鲜剂、低温保存等方法,做到隔湿、隔氧、避光,以延缓陈气形成。

8. 日晒气

(1)产生原因　经过强烈阳光较长时间照射的已采茶叶原料、在制品或加工好的产品,由于茶叶内含成分在紫外线的影响下发生光化学反应,都会形成日晒气,这种气味并不为许多消费者接受。

(2)改进措施　为防止日晒气的产生,除了某些有特定要求的茶叶产品外,在茶叶加工过程中和产品存放时,都应避免阳光直射。

9. 发酵气

(1)产生原因　发酵气是青茶的一种风味弊病。产生原因有以下几条。

①做青过度。

②原料静置时堆放过厚。

(2)改进措施

①做青要适度。

②摊放静置时原料厚度宜薄。

10. 香贫(透素)

(1)产生原因　这是茉莉花茶产品中出现的一种香气品质弊病。茶叶冲泡后花香不足而散发出茶叶本身的香气。产生原因有以下几点。

①窨花下花量不足。

②窨花窨次少。

(2)改进措施

①按工艺要求合理掌握窨花下花量。

②适当调整窨次,至产品品质符合要求。

11. 透兰

(1)产生原因　茉莉花茶的香气、滋味中出现浓郁的白兰花的气味,由于香味不协调而被称为一种弊病。产生原因有以下几条。

①窨制时茉莉花用量少、下花量不足。

②为降低生产成本,过多增大用于打底的白兰花用量。

(2)改进措施

①窨花加工时确保有标准数量的茉莉花下花量。

②打底使用的白兰花数量应按照工艺要求的限量进行控制,一般每50kg茶坯的打底白兰茶用花量不得超过1kg。

(四)滋味缺陷及产生原因和改进措施

由于茶叶的滋味和香气都是经过冲泡才表现出的感官感受,冲泡的过程使散发的香气物质与呈味的成分形成密切的关系,甚至会在香、味上形成一致的感官感受,即茶叶的香气与滋味存在很强的相关性。对于茶叶产品中存在的一些品质弊病,这种相关性同样存在:在香气中出现的异常气味,在滋味中往往也会产生相似的味觉感受。这种嗅、味感觉的相关性源于茶叶产品形成过程中的特定情况。因此,对香气中出现的品质弊病,在很多情况下所采取的改善措施,也适合在同样情况下滋味产生的品质弊病改善办法。当然,也有某些品质弊病只是在滋味中单独存在的。

1. 苦味产生原因

(1)以某些特定的茶树品种新梢为原料。

(2)采摘某些病变的原料。

(3)混杂紫色芽叶。

(4)夏、秋茶,且加工中揉捻过重。

2. 改进措施

(1)避免采用病变叶作原料。

(2)夏、秋茶加工中应加强各工序间的摊放处理;揉捻时加压适当,防止加压过重。

(3)不采紫色芽叶。

(4)在茶园中增施有机肥,减少紫色芽叶的形成。

(五)叶底缺陷及产生原因和改进措施

1. 红梗红叶

(1)产生原因　绿茶出现红梗红叶的原因有以下几条。

①采下鲜叶压得过紧,不及时运送,盛叶容器不透气。

②杀青温度太低,或杀青不足。

③鲜叶挤压受伤,未及时杀青。

④揉捻后未及时干燥,摊放时间过久。

(2)改进措施

①改进鲜叶装运、摊青条件,避免原料损伤。

②杀青做到杀透、及时。

③揉捻后及时干燥。

2. 烧条焦末

(1)产生原因

①杀青温度太高,杀青不匀。

②干燥温度过高。

③未除净杀青、干燥机具设备内的宿叶。

(2)改进措施

①杀青温度力求均匀。

②按规定标准调整干燥温度。

③复炒时如碎末过多,应先用筛除末。

④及时清除加工设备中留下的宿叶。

3. 花杂

(1)产生原因　多见于条形茶。产生原因有以下几条。

①原料老嫩不匀。

②红茶萎凋不足、不匀。

③红茶发酵不匀。

(2)改进措施

①控制采摘标准。

②红茶加工严格按工艺要求进行,避免萎凋、发酵处理不当。

4. 乌暗

(1)产生原因　红茶产品中出现的弊病。产生原因有以下几条。

①茶叶发酵过度。

②茶叶受细菌作用而劣变。

③茶叶陈化。

(2)改进措施

①掌握发酵适度。

②完善茶叶保鲜储存条件,避免微生物污染。

5. 粗糙硬缩

(1)产生原因

①红茶萎凋过度。

②发酵室湿度过低。

③初干温度过高。

④原料粗老。

(2)改进措施

①萎凋时叶层均匀、厚薄适当。

②发酵室空气相对湿度保持在95%以上。

③初干温度不超过120℃。

④按标准采摘鲜叶原料。

6. 死红

(1)产生原因　青茶叶底出现的弊病。产生原因有以下几条。

①原料因挤压受伤而造成红变。

②高温过度造成红变。

③摇青过重、发酵过度和包揉次数、时间过多过长。

（2）改进措施

①采茶时不可损伤叶片。

②原料在储运过程中不可受晒、不能紧压。

③掌握各工序的适度标准。

【项目步骤及实施】

（一）实训地点

茶叶审评实训室。

（二）课时安排

实训授课 4 学时，每次 2 学时，共计 90min，其中教师讲解 10min，学生分组练习 50min，考核 30min。

（三）项目步骤

（1）实训开始。

（2）备具　样茶盘、评茶杯碗、叶底盘、茶匙、天平、定时钟、烧水壶等。

（3）备样　准备有问题的茶样 4 ~ 8 种。

（4）把盘　评外形，重点看润泽度、匀整度等。

（5）扦样。

（6）开汤。

（7）热嗅　重点嗅纯异，判断是否带酸味、馊味、陈气、烟气、焦气、霉气等。

（8）汤色　重点看亮度。

（9）温嗅　重点嗅香气的类型与高低。

（10）滋味　进一步确定香气的异味在滋味中是否体现，是否有新的异味体现。

（11）冷嗅　重点嗅香气的持久性。

（12）叶底　重点看嫩度、亮度、匀整度。

（13）实训结束。

【项目预案】

略。

【项目评价】

劣质茶识别项目评价考核评分如表 3 – 25 所示。

表 3 – 25　　　　　　　　　劣质茶识别项目评价考核评分表

分项	内容	满分	自评分 (10%)	组内互评分 (10%)	组间互评分 (10%)	教师评分 (70%)	单项实际得分
1	茶样 1 号	25					
2	茶样 2 号	25					
3	茶样 3 号	25					
4	茶样 4 号	25					
	合计	100					

【项目作业】

判断审评茶叶样品产生质变的原因并提出改进措施。

附　　录

附录一　"评茶员"国家职业标准
（职业代码:X6－26－01－38）

1　职业概况

1.1　职业名称
评茶员。

1.2　职业定义
以感觉器官评定茶叶品质(色、香、味、形)高低优次的人员。

1.3　职业等级
本职业共设五个等级,分别为:初级评茶员(国家职业资格五级)、中级评茶员(国家职业资格四级)、高级评茶员(国家职业资格三级)、评茶师(国家职业资格二级)、高级评茶师(国际职业资格一级)。

1.4　职业环境
室内、常温。

1.5　职业能力特征
视觉、嗅觉、味觉、触觉等感觉器官功能良好,有一定的学习能力和语言表达能力。

1.6　基本文化程度
初中毕业。

1.7　培训要求
1.7.1　培训期限
全日制职业学校教育,根据其培养目标和教学计划确定。普及培训期限:初级评茶员不少于200标准学时;中级评茶员不少于180标准学时;高级评茶员不少于160标准学时;评茶师不少于140标准学时;高级评茶师不少于120标准学时。

1.7.2　培训教师
培训初级评茶员、中级评茶员的教师必须取得高级评茶员以上职业资格证书;培训高级评茶员、评茶师的教师必须具备相关专业中级以上专业技术职称或评茶师以上职业资格;培训高级评茶师的教师必须具备相关专业高级技术职称或取得高级评茶师职业资格2年以上,并具有丰富的实践经验。

1.7.3　培训场地设备

标准教室及符合国家标准《茶叶感官审评室基本条件》规定的茶叶感官审评室。

1.8　鉴定要求

1.8.1　适用对象

从事或准备从事本职业的人员。

1.8.2　申报条件

——初级评茶员(具备以下条件之一者):

(1)从事专业评茶工作不低于2年。

(2)经本职叶初级正规培训达规定标准学时数,并取得毕(结)业证书。

——中级评茶员(具备以下条件之一者):

(1)取得本职业初级职业资格证书后,连续从事专业评茶工作不低于3年,经中级评茶员正规培训达规定标准学时数,并取得毕(结)业证书。

(2)取得本职业初级职业资格证书后,连续从事专业评茶工作不低于4年。

(3)连续从事专业评茶工作不低于6年。

(4)取得经劳动保障行政部门审核认定的,以中级技能为培养目标的中等以上职业学校本职业毕业证书。

——高级评茶员(具备以下条件之一者):

(1)取得本职业中级职业资格证书后,连续从事专业评茶工作不低于4年,经高级评茶员正规培训达规定标准学时数,并取得毕(结)业证书。

(2)取得本职业中级职业资格证书后,并连续从事专业评茶工作不低于6年。

(3)取得高级技工学校或经劳动保障行政部门审核认定的,以高级技能为培养目标的高等职业学校本职业毕业证书。

(4)取得本职业中级职业资格证书的大专以上本专业或相关专业的毕业生,连续从事专业评茶工作不低于2年。

——评茶师(具备以下条件之一者):

(1)取得本职业高级职业资格证书后,连续从事评茶工作不低于5年,经评茶师正规培训达规定标准学时数,并取得毕(结)业证书。

(2)取得本职业高级职业资格证书后,连续从事专业评茶工作不低于8年。

(3)高级技工学校本职业毕业生,连续从事专业评茶工作不低于2年。

(4)取得本职业高级职业资格证书的大专以上本专业或相关专业的毕业生,连续从事专业评茶工作不低于3年。

——高级评茶师(具备以下条件之一者):

(1)取得评茶师资格证书后,连续从事专业评茶工作不低于3年,经高级评茶师正规培训达规定标准学时数,并取得毕(结)业证书。

(2)取得评茶师职业资格证书后,连续从事专业评茶工作不低于5年。

1.8.3　鉴定方式

分为理论知识考试(笔试)和技能操作考核。理论知识考试采用闭卷笔试,技能操作考核采用现场实际操作方式进行。考试(考核)成绩均采用百分制,两相皆达 60 分以上者为合格。评茶师、高级评茶师鉴定还需通过综合评审。

1.8.4 考评人员与考生配比

理论知识考试考评员与考生的比例为 1:20;

技能操作考核考评员与考生的比例为 1:10。

1.8.5 鉴定时间

理论知识考试(笔试)120 分钟,技能操作考核 90 分钟。

1.8.6 鉴定场所设备

(1)理论知识考试在标准教室进行。

(2)技能操作考核场地须符合《茶叶感官审评室基本条件》要求,并具备必须的评茶设施和评茶器具。

2 基本要求

2.1 职业道德

2.1.1 职业道德基本知识

2.1.2 职业守则

(1)忠于职守,爱岗敬业;

(2)科学严谨,不断进取;

(3)注重调查,实事求是;

(4)团结共事,宽厚容人;

(5)遵纪守法,讲究功德。

2.2 基础知识

2.2.1 茶叶基本分类及品质特征

(1)大宗茶类的分类及基本品质特征;

(2)形成各茶类不同品质特征的关键加工工序。

2.2.2 茶叶感官审评基础知识

(1)茶叶感官审评室的环境条件要求;

(2)评茶设施的规格要求;

(3)实物标准样的定义;

(4)大宗绿茶审评方法;

(5)红茶审评方法;

(6)紧压茶审评方法;

(7)乌龙茶审评方法;

(8)花茶审评方法。

2.2.3 茶叶标准知识

(1)有关茶叶产品及检验方法的标准(企业标准);

(2)有关茶叶质量的国家强制性标准,如《茶叶卫生标准》等。

2.2.4　茶叶感官审评技术知识

（1）评茶基本功知识；

（2）双杯找对技术知识；

（3）评茶术语的定义知识；

（4）大宗茶类毛茶等级的判定原则。

2.2.5　茶叶包装标识基本知识

2.2.6　称量器具使用基本知识

（1）天平使用基本知识；

（2）其他计量器具的使用知识。

2.2.7　安全知识

（1）实验室安全操作知识；

（2）安全用电知识；

（3）防火防爆安全知识

2.2.8　有关法律、法规知识

（1）《劳动法》；

（2）《消费者权益保护法》；

（3）《标准化法》《标准化法实施条例》；

（4）《产品质量法》。

3　工作要求

本标准对初级、中级、高级评茶员、评茶师、高级评茶师的技能要求依次递进,高级别包括低级别的要求。

3.1　初级评茶员

一、职业功能:样品接受

（一）工作内容:接样

技能要求:1. 能了解来样的规格、茶叶品类、数量

2. 能按统一格式,对样品进行编号、登记

相关知识:1. 文明用语基本常识

2. 茶叶包装标示知识

（二）工作内容:询问、记录

技能要求:1. 能询问来样适用的文字标准及实物标准样

2. 能记录客户有关要求

3. 能解答客户的一般提问

相关知识:企业标准的有关知识

二、职业功能:评茶准备

（一）工作内容:评茶设施、用具的准备

技能要求:1. 能够做好审评室内环境清洁工作

2. 能够做好评茶设施的准备工作

　　　　3. 能准备相应的评茶器具,并按顺序编码

　　　　4. 能做好安全用电和实验室防火防爆工作

相关知识:1. 茶叶感官审评室内环境条件的要求

　　　　2. 干评台、湿评台、茶具规格的要求

　　　　3. 安全用电和安全操作规程

(二)工作内容:实物标准样的准备

技能要求:1. 能了解相关茶类实物标准样的设置等级

　　　　2. 能根据来样,准备相应的实物标准样

相关知识:1. 实物标准样的定义

　　　　2. 实物标准样设置等级的依据

三、职业功能:感官品质评定

(一)工作内容:分样

技能要求:能用四分法缩分茶样至所需数量,并按编码顺序置于评茶盘中

相关知识:1. 分样的程序

　　　　2. 分样的方法

(二)工作内容:干看外形

技能要求:1. 摇盘时茶叶在盘中能回旋筛转,收盘后上、中、下三段茶层次分明

　　　　2. 能评比形状的粗细、长短、松紧、身骨轻重,对紧压茶能评比个体的形状规格、棱角、松紧度及里茶、面茶

　　　　3. 能评比面张、中段三档比例是否匀称

　　　　4. 能评比色泽的鲜陈、润枯、匀杂

　　　　5. 能评比茶类及非茶类夹杂物的含量情况

相关知识:1. 摇盘、收盘的基本手法和要点

　　　　2. 茶叶的分类和品种名称

　　　　3. 大宗茶类的基本品质特征及外形审评方法

(三)工作内容:湿评内质

技能要求:1. 能按操作规程要求进行匀样、称样,并按编码顺序置入评茶杯中

　　　　2. 能掌握正确的冲泡时间、水温、杯碗容量、茶水比例

　　　　3. 能掌握正确的嗅香气和尝滋味的方法,能辨别陈、霉、异等不正常气味

　　　　4. 能区别汤色的深浅、明暗、清浊

　　　　5. 能掌握叶底的评定方法,能辨别叶张的老嫩、匀杂、色泽

相关知识:1. 称量器具使用基本知识

　　　　2. 均匀茶样的基本常识

　　　　3. 大宗茶类内置审评方法

(四)工作内容:品质记录

技能要求:1. 能初步使用评茶术语描述常见茶类的主要品质特征

　　　　2. 能按评茶程序,及时记录品质情况

相关知识:1. 评茶术语的定义

2. 品质记录标的使用知识

四、职业功能:综合判定

(一)工作内容:记录汇总

技能要求:1. 能根据品质记录,对各品质因子情况进行汇总

　　　　　2. 能初步判定品质的优劣

相关知识:1. 劣变茶的识别知识

　　　　　2. 次品茶的识别知识

(二)工作内容:结果计算及判定

技能要求:1. 能对照毛茶实物标准样,对一类毛茶的外形、内质进行初步定等

　　　　　2. 能根据毛茶等级判定原则计算结果,并确定该毛茶的级别

3.2　中级评茶员

一、职业功能:样品接受

(一)工作内容:取样、观察

技能要求:1. 能按"茶取样"的操作规程,从大队样中抽取具有代表性的试样

　　　　　2. 能明确所需检验项目的要求

　　　　　3. 能根据茶样外形特征观察所用标准是否适当

相关知识:1. 茶叶取样的操作要点

　　　　　2. 茶叶检验项目

(二)工作内容:包装分析

技能要求:1. 能根据来样的包装情况,分析是否符合食品标签标准的要求

　　　　　2. 能解答客户对茶叶包装的咨询,并进行一般性指导

相关知识:1. 食品标签通用标准

　　　　　2. 咨询解答用语常识

二、职业功能:评茶准备

(一)工作内容:评茶设施、用具的准备

技能要求:1. 能够根据天气变化做好审评室内光照、温湿度的调节,使其符合评茶要求

　　　　　2. 能够做好评茶设施的维护、保养工作

　　　　　3. 能根据不同的茶类准备相应规格的评茶杯碗

相关知识:1. 茶叶感官审评室内光照、温湿度的要求

　　　　　2. 不同茶类的评茶器具规格要求知识

(二)工作内容:标准样的准备

技能要求:1. 能熟悉相关茶类实物标准样的设置水平

　　　　　2. 能根据来样,准备相应的文字标准(国家、企业、行业或地方标准)和实物标准样

相关知识:1. 相关茶类的国家、企业、行业或地方标准的有关知识

　　　　　2. 相关茶类实物标准样总体品质水平的设置知识

三、职业功能:感官品质评定

(一)工作内容:分样

技能要求:能按不同茶类分样的操作规程要求,使所缩分茶样齐备、均匀

相关知识:不同茶类的分样操作规程知识

(二)工作内容:干看外形

技能要求:1. 能评定一大茶类外形的形状、整碎、色泽、净度或规格、松紧度等各因子

2. 能掌握该茶类不同级别的外形各因子品质特征

3. 能分析该茶类外形各因子品质不足之处

相关知识:1. 相关茶类外形审评技术知识

2. 相关茶类的初制、加工工艺知识

(三)工作内容:湿评内质

技能要求:1. 能评定一大茶类的香气、汤色、滋味、叶底四因子

2. 能掌握该茶类不同级别的香气类型,能辨别香气的高低、浓淡和纯异

3. 能掌握该茶类不同级别的滋味特征,能辨别茶汤的浓淡、强弱、鲜陈

4. 能掌握该茶类不同级别的叶底特征

相关知识:1. 相关茶类内质审评技术知识

2. 相关茶类不同级别的内质各因子品质特征知识

(四)工作内容:品质记录

技能要求:1. 能使用相关茶类的评茶术语,描述该茶类不同级别的外形、内质各因子的品质特征

2. 能按相关茶类品质评分要求,对照实物标准样或成交样,对该茶类外形、内质各因子的品质评分

相关知识:1. 登记评语的运用知识

2. 对样评茶计分方法

四、职业功能:综合判定

(一)工作内容:记录汇总

技能要求:1. 能根据来样适用的文字标准,对照品质记录表,对各品质因子情况进行汇总

2. 能根据外形、内质各因子的品质评分情况,按该茶类各因子所占的权数比例计算总分

相关知识:1. 对样评语的运用知识

2. 相关茶类品质因子权数比例知识

(二)工作内容:结果计算及判定

技能要求:1. 能对照毛茶实物标准样,对一大茶类的毛茶外形、内质进行定等并计算确定级别

2. 能根据总分判定相关茶类各品质因子与标准的差距

相关知识:1. 相关茶类精致茶的种类、名称知识

2. 等级评分方法

3.3 高级评茶员

一、职业功能:样品接收

（一）工作内容：分类、保管

技能要求：1. 能根据来样特征分清品类，并确定所用标准是否合理

2. 能根据茶类的不同特性保管好样品，在感官审评期间保持品质不变

相关知识：1. 茶叶陈化变质的原理

2. 保持茶叶品质的方法

（二）工作内容：咨询、指导

技能要求：1. 能够解答茶叶质量的咨询

2. 能够帮助客户找出茶叶品质不足之处，并提出指导性的改进意见

相关知识：相关茶类的初制加工技术知识

二、职业功能：评茶准备

（一）工作内容：评茶环境、设施的准备

技能要求：1. 能够根据气候变化、人体状态，做好审评室内色调、采光、噪声、温湿度等各项指标的调节和控制

2. 能够指导初、中级评茶员做好评茶设施、器具的准备和保养工作

相关知识：1. 茶叶感官审评室基本条件的标准

2. 人体状态与感官灵敏度的相关性知识

（二）工作内容：标准样的准备

技能要求：1. 能熟悉相关茶类的生产加工和市场销售质量水平

2. 能根据来样，结合市场水平，准备实物标准样、市场参考样和相应的文字标准

相关知识：1. 相关茶类市场参考样的选取知识

2. 市场调研知识

三、职业功能：感官品质评定

（一）工作内容：干看外形

技能要求：1. 能熟练评定两大茶类的外形各因子

2. 能掌握两大茶类不同级别的外形品质特征

3. 能评比名优绿茶外形的形状、色泽因子

4. 能掌握名优绿茶应有的造型、色泽等品质特点

5. 能找出相关茶类外形各因子中存在的品质弊病

相关知识：1. 名优绿茶的定义

2. 名优绿茶外形特殊品质要求知识

3. 相关茶类的精制加工工艺及等级的设置知识

（二）工作内容：湿评内质

技能要求：1. 能熟练掌握湿评内质操作要领，在相同的条件下进行不同个体样品的内质评定，减少误差

2. 能熟练评定两大茶类的内质各因子

3. 能掌握两大茶类不同级别的内质品质特征

4. 能评比名优绿茶的香气、滋味、汤色、叶底各因子

5. 能掌握名优绿茶应具备的香气、滋味、汤色、叶底品质要求

相关知识:1. 茶叶内质审评中误差的控制知识

2. 名优绿茶内质各因子特殊品质要求

3. 名优绿茶的审评方法

(三)工作内容:品质记录

技能要求:1. 能熟练使用评茶术语描述相关茶类的品质情况及存在的品质弊病

2. 能按不同茶类审评方法的茶艺设计品质记录表

相关知识:1. 茶叶感官审评术语标准知识

2. 茶叶外形、内质各因子之间的相互关系知识

四、职业功能:综合判定

(一)工作内容:记录汇总

技能要求:1. 能综合评定两大茶类的毛茶外形、内质各因子

2. 能熟练评定两大茶类的精制茶与实物标准样之间的差距,对各因子分别进行评比计分

3. 能按百分法对名优绿茶各品质因子进行评比计分

相关知识:1. 茶叶的初、精制加工技术对品质的影响知识

2. 名优绿茶评比计分方法

(二)工作内容:结果计算及判定

技能要求:1. 能对照毛茶实物标准样,对两大茶类的毛茶进行定级定等,误差不超过正负 1 个等

2. 能根据精制茶各因子所得的总分判定其高于或低于实物标准样或成交样,误差在正负 1/2 个级以内

相关知识:七档制法判定原则

3.4 评茶师

一、职业功能:样品接收

(一)工作内容:指导接样

技能要求:1. 指导他人进行样品的接收、登记和保管

2. 能纠正他人样品接收中存在的问题

相关知识:公关与接待基本知识

(二)工作内容:咨询策划

技能要求:1. 能够策划茶叶包装与质量咨询方案

2. 能解答客户有关茶叶质量的疑难问题

相关知识:咨询策划运作知识

二、职业功能:感官品质评定

(一)工作内容:干看外形

技能要求:1. 能评比六大茶类的外形各因子

2. 能熟练掌握三大茶类的外形各因子的审评技术

3. 能熟练掌握三大茶类不同级别的外形品质特征

4. 能熟练分析各茶类中外形品质弊病的产生原因并能提出改进措施

相关知识:1. 六大茶类不同级别的外形审评技术知识

　　　　　2. 茶叶加工工艺特点与茶叶品质的关系知识

(二)工作内容:湿评内质

技能要求:1. 能评比六大茶类的内质各因子

　　　　　2. 能熟练掌握三大茶类的审评技术

　　　　　3. 能熟练分析香气、滋味中的陈、异、烟、焦、酸、馊等品质弊病

　　　　　4. 能熟练辨别叶底的叶张嫩、砂清或发酵程度,品种特征以及产生花青、焦斑、红梗红叶、枯暗花杂等品质弊病的原因

　　　　　5. 能指导初、中、高级评茶人员正确辨别各茶类的香气、滋味类型,分辨大叶种与中小叶种、春茶与夏秋茶以及不同茶树品种、地区之间香气、滋味的差别

相关知识:1. 六大茶类不同级别的内审评技术知识

　　　　　2、茶叶易吸湿、易吸异气味的特性知识

　　　　　3. 春、夏、秋茶特征知识

　　　　　4. 不同茶树品种、产区的茶叶特征知识

　　　　　5. 新、陈茶的区别知识

(三)工作内容:品质记录

技能要求:1. 能准确运用评茶术语,描述六大茶类的品质情况及优缺点

　　　　　2. 能指导他人准确、规范使用评茶术语

　　　　　3. 能指导他人按各茶类品质评定要求,设计品质记录表,能完整表现各因子的总体品质情况

相关知识:品质记录表的制作与设计要求知识

三、职业功能:综合判定

(一)工作内容:汇总、设计

技能要求:1. 能综合评定六大茶类外形、内质各因子,指出总体品质与标准样或成交样的差距

　　　　　2. 能针对品质缺陷设计出合理的加工工艺或提出有效的贮藏保鲜措施

　　　　　3. 能根据原料品质情况和市场消费水平制定合理的茶叶拼配方案

相关知识:1. 茶叶加工工艺与加工机构、机械的性能知识

　　　　　2. 茶叶拼配技术知识

(二)工作要求:结果计算及判定

技能要求:1. 能对三大茶类的毛茶熟练定级定等,误差不超过正负 1 个等

　　　　　2. 能熟练判定三大茶类的精制茶与实物标准样或成交样之间的级距,误差在正负 1/3 个级以内

相关知识:精制茶品质综合判定原则

四、职业功能:培训指导

(一)工作内容:培训

技能要求:1. 能训练初、中、高级评茶员的评茶基本功夫技能,提高其业务能力

2. 能对初、中、高级评茶员进行技能鉴定

相关知识:1. 茶叶初、精制加工理论知识

2. 技能鉴定的方法和要求

(二)工作内容:指导

技能要求:1. 能对初、中、高级评茶员的日常工作进行指导

2. 能对初、中、高级评茶员技能培训的相关知识,茶叶初、精制加工技术知识进行指导

相关知识:生产、实习教学方法

五、职业功能:组织管理

(一)工作内容:市场调研级标准样制备

技能要求:1. 能掌握茶业市场动态,了解大宗茶类及名优茶类的价格水平,指导经销人员合理定级定价

2. 能了解茶业市场总体生产销售情况,了解地区茶叶消费习惯及基本茶类最低品质界限

3. 能根据相关茶类的生产加工和市场销售质量水平,结合历年茶叶标准样的质量等级设置情况制备实物标准样

相关知识:1. 物价政策知识

2. 市场营销知识

3. 地区茶叶消费习惯知识

4. 实物标准样的制备知识

(二)工作内容:人员管理

技能要求:1. 能指导协调技术人员、管理人员履行岗位职责

2. 能调动本部门人员的工作积极性,做好日常人员接待及茶叶品质评定工作

相关知识:1. 企业人事管理知识

2. 国内外先进管理信息知识

(三)工作内容:技术更新

技能要求:1. 能及时掌握茶叶产品检验中的新技术、新方法

2. 能及时搜集国内外有关茶叶产品生产的新技术信息

相关知识:1. 国内外茶叶科技动态知识

2. 信息的搜集整理知识

3.5 高级评茶师

一、职业功能:感官品质评定

(一)工作内容:干看外形

技能要求:1. 能运用茶树品种学、制茶学知识分析六大茶类外形品质的形成原因

2. 能运用茶树栽培技术、生产加工基础理论知识分析名优茶类特殊品质的形成原因

相关知识:1. 茶树品质与制茶工艺对品质的影响知识

2. 茶树栽培、生产技术与品质的关系知识

(二)工作内容:湿评内质

技能要求:1. 能运用茶叶感官审评基础理论知识,分析六大茶类内质审评的异同点及原理

2. 能运用茶叶生物化学原理,分析品质特征及品质弊病的形成原因

相关知识:1. 茶叶感官审评基础理论知识

2. 茶叶内含有效理化成分的变化对品质的影响知识

二、职业功能:综合判定

(一)工作内容:品质判定的审评

技能要求:1. 能审核各级评茶人员对毛茶的定级定等情况

2. 能审核各级评茶人员对精制茶的判定情况

3. 能纠正各级评茶人员品质综合判定中的误差及错误

相关知识:审核的基本程序

(二)工作内容:疑难问题的处理

技能要求:1. 能分析疑难茶样的品质问题,准确合理地进行判定

2. 能独立解决制茶工艺中影响品质的技术难题

相关知识:1. 国内外茶叶的品种、类别及品质特征知识

2. 国内外先进的制茶工艺知识

三、职业功能:感官审评技术的研究与创新

(一)工作内容:茶叶感官审评室的研究与设计

技能要求:1. 能根据人体生理学知识,结合国际上感官分析实验室的发展趋势,研究感官审评人员处于最佳生理状态的条件

2. 能根据茶叶感官审评的特点,研究设计出科学合理,设备先进、完善的茶叶感官审评室

相关知识:1. 国际标准"感官分析实验室的一般条件"

2. 国内外茶叶感官审评室条件知识

(二)工作内容:茶叶感官审评技术的研究与完善

技能要求:1. 能够对不同茶类的冲泡水温、茶水比例、冲泡时间、评茶器具等对茶叶品质的影响程度进行深入研究

2. 能够结合国内外茶叶感官审评的新方法、新技术,不断完善现有的各茶类审评方法和技术

相关知识:1. 国内外茶叶感官审评的新方法、新技术知识

2. 国内外茶叶加工的新技术知识

四、职业功能:培训指导

(一)工作内容:培训

技能要求:1. 能胜任教学培训工作

2. 能编写各等级评茶人员的培训大纲和教材

3. 能编写各等级评茶人员测试试卷试题

相关知识:1. 教育学知识

2. 教材的编写要求知识

3. 编写试卷的依据和要求

（二）工作内容：指导

技能要求：1. 能指导各级评茶人员以最佳生理状态，准确评定茶叶香气、滋味各因子

2. 能指导各级评茶人员运用化学变化原理，分析各茶类不同品质特征的形成原因

相关知识：茶叶生物化学知识

五、职业功能：组织管理

（一）工作内容：技术更新

技能要求：1. 能主持或参与茶叶新产品、新工艺的研究

2. 能组织各级人员进行新技术培训，开展技术交流、技能比武活动

相关知识：1. 茶叶保健功能知识

2. 茶叶内含理化成分与品质的研究知识

（二）工作内容：质量管理

技能要求：1. 熟悉企业的标准化管理体系，指导茶叶生产、经销企业规范质量体系，严把产品质量关

2. 能主持和参与有关茶叶产品、茶叶检验方法的国家、行业、地方标准的制定与修订

相关知识：1. 企业标准化管理体系知识

2.《产品质量法》知识

3. 标准的制定、修订方法

（三）工作内容：成本核算

技能要求：1. 能够对经营部门进行成本核算

2. 能够根据原料成本、市场销售趋势，制定最佳茶叶拼配方案，降低成本，增进效益

相关知识：1. 成本核算基础知识

2. 财务预算的编制知识

4 比重表

4.1 理论知识

	项目	初级评茶员（%）	中级评茶员（%）	高级评茶员（%）	评茶师（%）	高级评茶师（%）
技能要求	1. 样品接收	10	10	5	5	—
	2. 评茶准备	20	15	15	—	—
	3. 感官品质评定	40	40	40	40	30
	4. 综合评定	30	35	40	35	30
	5. 培训指导	—	—	—	10	10
	6. 组织管理	—	—	—	10	10
	7. 感官审评技术的研究与创新	—	—	—	—	20
合　计		100	100	100	100	100

附录二 评茶员操作技能考核考场准备清单

1. 准备考场地、审评室准备。
2. 考核场所：审评室80平方米以上。
3. 较有代表性的品牌名茶样品共8~16个，每个样品质量为250g。

序号	名称	规格	单位	数量	备注
1	茶叶审评室	面积80m² 以上	间	1	
2	干评操作台：数量为30个实操座位	台高 800~900mm，宽 600~750mm，长 1500mm，黑色亚光	张	30	
3	湿评操作台：数量为30个实操座位	台高 750~900mm，宽 450~500mm，长 1500mm，白色亚光	张	30	
4	音响设备	普通	套	1	
5	煮水用电插座	功率(1kW/个)	个	30	
6	照明通风	配置良好，自然光			
7	茶叶样品陈列柜	宽1000mm×深350mm×高2200mm	个	2~4	
8	审评用具储放柜	宽1000mm×深350mm×高2200mm	个	2~4	
9	洗涤槽	500mm×300mm	个	2~4	
10	初制茶（毛茶）审评杯碗		杯碗配套	120	纯白色瓷烧制，厚薄、大小一致
11	精制茶（成品茶）茶审评杯碗		杯碗配套	120	
12	乌龙茶审评杯碗		个	120(杯)、360(碗)	
13	评茶盘		个	120	
14	分样盘		个	30	
15	样茶匾	按照 GB/T 23776—2018《茶叶感官审评方法》中的规格准备	个	30	
16	叶底盘		个	120	
17	天平		架	30	
18	网匙		个	30	
19	计时器		个	30	
20	吐茶桶		个	30	
21	茶匙		个	120	
22	烧水壶		个	30	

备注：本配置为30个工位的实操考评现场。中级技能考评两人一组，高级技能考评一人一组。

附录三 茶叶感官审评表

姓名：　　　　　　　　　准考证号：　　　　　　　　　单位名称：

项目 编号	茶类	外形		汤色		香气		滋味		叶底		总得分
		评语	评分	评语	评分	评语	评分	评语	评分	评语	评分	
1												
2												
3												
4												
5												
6												

考评员签字：

　　　　　　　　　　　　　　　年　　月　　日

参考文献

[1]宛晓春.茶叶生物化学[M].北京:中国农业出版社,2007.

[2]王垚.茶叶审评与检验[M].北京:中国劳动社会保障出版社,2006.

[3]湖南农学院.茶叶审评与检验[M].北京:中国农业出版社,1992.

[4]施兆鹏.茶叶加工学[M].北京:中国农业出版社,1997.

[5]安徽农学院.制茶学[M].北京:中国农业出版社,2007.

[6]杨亚军.评茶员培训教材[M].北京:金盾出版社,2009.